アインシュタイン方程式を読んだら「宇宙」が見えた

ガチンコ相対性理論

深川峻太郎　著

カバー装幀　芦澤泰偉・児崎雅淑
カバーイラスト　服部元信
本文デザイン　齋藤ひさの
本文イラスト　服部元信
本文図版　さくら工芸社
協力　髙橋将太
（高エネルギー加速器研究機構〔KEK〕科学コミュニケータ）

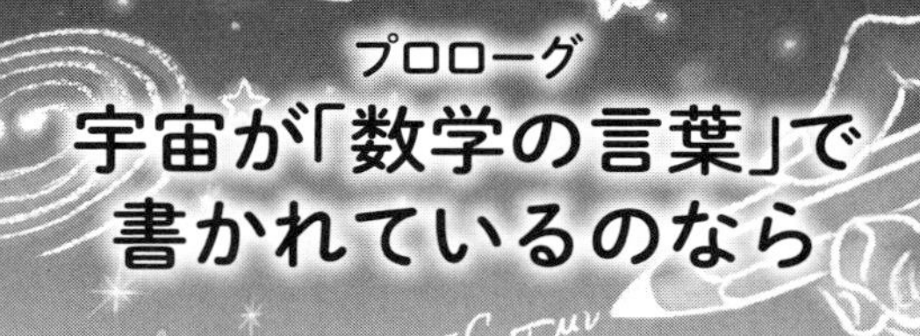

プロローグ
宇宙が「数学の言葉」で書かれているのなら

「タテガキのサイエンス」の役割

いわゆるポピュラーサイエンスの分野では、本の帯や広告などで、しばしばこんな惹句が使われる。

「難解な理論を数式ナシでわかりやすく説明！」

ふだんは数式と格闘している各分野の専門家たちが、あえて数式を使わず、巧みな比喩を駆使しながら懇切丁寧に書いてくれた入門書は多い。一般読者の大半はとにかく数式を嫌うので、タテガキの日本語による説明だけで「わかった気分」を味わってもらうのが、このジャンルの常道だ。

じつは私自身、そういう本の編集に何度も関わってきた。その分野の仕事に大きなやり甲斐を感じてもいる。わかりやすい入門書を通じて、宇宙論や物理学の面白さに気づく人が増え、基礎科学に対する理解が深まるのは、すばらしいことだ。とくに日本では近年、短期的に役に立ちそうな応用研究にばかり資金が投入され、そのせいで学術研究全体が土台からやせ細っていると聞く。この危機を克服するには、基礎科学の意義がもっと広く世間に理解されなければいけない。

これは私の持論だが、自然界の真理を探究する基礎科学は、人類にとって最高のエンターテインメントである。「宇宙はどうやって始まったのか」とか「生命はどこから来たのか」とか「われわれ人間の本性とは何か」とか、そんなことを知りたがる生き物は（少なくとも地球上では）人類だけだろう。この知的好奇心を大切にしなければ、知的生命体として生まれてきた甲斐がない。自然界の謎の解明こそが、全人類共通の目標だとさえ私は思っている。

したがってサイエンスは、役に立つかどうか以前に、まずは「知りたい知りたい！」という人々の欲求に応えることが大事だ。それが科学の存在意義なのだとしたら、研究の成果を広く伝える「タテガキのポピュラーサイエンス」が果たす役割はきわめて大きい。

だから私は、「数式ナシ」の説明が悪いことだとはまったく思っていない。なにしろ私も多くの読者と同じく、数学がひどく苦手だ。大学受験の際に私立文系（受験科目は国・英・社）という典型的ド文系コースを選んだ私は、自慢じゃないが高校で微積分を習った記憶がない。記憶がないどころか、それは選択科目だから自分はやらずに卒業したのだと思い込んでいた。ところが高校の同級生に聞いてみると、「必修だから全員やってるよ」という。本当にビックリした。私は一体どうやって高校を卒業したのだ。そんなことでいいのか日本の学校教育は！　……と、それぐらい数学と縁遠い人生を送ってきたのだから、仕事で手がけるサイエンス本が「数式ナシ」になるのも当然である。むしろ、私みたいな文学部出のド文系人間が自分に何とかわかるように編集するから、誰にでも読みやすい本になるという面もあるだろう。

それに、サイエンスの話は、数式ナシでも十分にエキサイティングだ。たとえば私は、「惑星ヴァルカン」をめぐる話が大好きである。軽く紹介しておこう。

アイザック・ニュートンの重力理論では、水星軌道の内側にもうひとつ惑星がないと、水星の動き（専門的には「近日点の移動」）が説明できなかった。ニュートンの理論は揺るぎない絶対的な正解だと思われていたので、その惑星が存在しないはずがない。なかったらニュートンが間違っていたことになってしまう。必ずあると信じたから「ヴァルカン」という名前までつけてしまった。しかし、多くの研究者たちが必死で探しても、ヴァルカンはなかなか見つからない。

その問題を解決したのが、アルベルト・アインシュタインの重力理論である。ニュートンの理論が近似であることを明らかにしたその新しい理論では、水星の動きを説明するのにヴァルカンは必要なかった。この一点だけでも、アインシュタインの偉大さがわかるではないか。

もし高校時代にこういう「数式ナシでもわかる重力理論の歴史」を教わり、それがもたらすスリルと興奮を味わっていたら、物理にもちょっとは興味を持って勉強する気になったと思う。サイエンスへの入り口として、タテガキの物語はきわめて有意義だ。

われわれも「数学の言葉」で書かれている

しかし、である。あるとき私は、いささか寂しい気分を味わった。東京大学柏キャンパスのカブリ IPMU（数物連携宇宙研究機構）に打ち合わせに行き、3 階の交流スペースで当時の機構長、村山斉（ひとし）先生をお待ちしていたときだ。

2007 年に発足した IPMU は、「数物連携」という名のとおり、数学者と物理学者がタッグを組んで宇宙の根源的な謎を解き明かそうとする国際高等研究所である。「暗黒物質」「ダークエネルギー」「消えた反物質の謎」といったキーワードを見るとワクワクしちゃうタイプの宇宙論ファンにとっては、憧れの聖地みたいなものかもしれない。

私は、2010 年に刊行された村山先生のベストセラー『宇宙は何でできているのか』（幻冬舎新書）の編集をお手伝いしたのが、このジャンルに踏み込む最初の一歩だった。その次に手がけた物理学本は、2012 年に刊行された大栗博司先生の『重力とは何か』（同）である。こちらも大ヒットになった。当時から大栗先生は IPMU の主任研究員だったが、その後、2018 年には村山先生の跡を継いで 2 代目の機構長に就任されている。歴代機構長との仕事を通じて「サイエンスはエンターテインメントだ！」という持論を形成した私にとって、カブリ IPMU は原点ともいえる場所だ。

そのカブリ IPMU には、毎日午後 3 時に研究者たちが 3 階の交流スペースに集まってお茶やお菓子を口にしながら語り合うという麗しい習慣がある。私がお邪魔したのは、そのティータイムだった。交流スペース中央の柱には、ガリレオ・ガリレイの言葉が刻まれている。

I'UNIVERSO É SCRITTO IN LINGUA MATEMATICA

「宇宙は数学の言葉で書かれている」という意味だ。その周囲では、何人もの研究者たちが黒板やホワイトボードに数式を書き並べながら、にぎやかにお喋（しゃべ）りしていた。数式で「交流」である。楽しそうだが、私にはさっぱりわからない。

村山先生や大栗先生の本に関わって以来、私は素粒子の標準模型や重力理論のみならず、インフレーション理論や暗黒物質、ニュートリノ実験や加速器実験、さらには原始重力波などに関する本も手がけてきた。ヒッグス粒子の発見で知られるジュネーブのCERN（セルン）を取材したこともある。この分野では多くの経験を積んだので、最先端の研究者ともそれなりに世間話ができると自負していた。

ところが、その交流スペースでは完全に圏外。いたたまれないほどの孤独感。そこに自分がいることも悟られたくない気分だ。やがて村山先生が現れたので、私はおずおずと遠くの黒板を指して、小声で聞いてみた。

「あの人たちは、何の話をしているんですかね……？」

すると村山先生は、黒板に書かれた数式をほんの数秒間、遠目に眺めてから、「ああ、あれは、湯川粒子が……」と、立て板に水で解説を始められたのである。

すげえ、と思った。湯川粒子とは、日本人初のノーベル賞に輝いた湯川秀樹博士が存在を予言したπ（パイ）中間子などのことだろう。数式を見ただけでそれがナニ粒子かがわかることに、私は感動した。なにしろ、数式の脇に「Yukawa Particle」

などと字で書いてあるわけではないのである。私には読み方さえわからない謎の記号が並んでいるだけだ。それなのに、その数式は、特定の粒子を表現している。

柱に刻まれたイタリア語に、偽りはない。宇宙はまさに数学の言葉で書かれていたのだった。

嗚呼、わかりたい。ちょっとでいいから、数式で宇宙がどう書かれているのかをわかってみたい——そう思うのが人情だろう。だって、彼らは自分と同じ人間なのだ。しかも間違いなく、ものすごく面白いことを研究している。ならば、交流したいじゃないか。カタコトでいいから、同じ言葉でお喋りしてみたいじゃないか。それはもう、外国旅行から帰国するやいなや「やっぱり英語できるようになりたい！」と駅前留学しちゃうような気分である。

……いや、それとこれとは本質的に違うだろう。数学の言葉は、外国語ではない。それはある意味で、この宇宙に暮らす知的生命体にとっての母語である。なにしろ宇宙は数学の言葉で書かれているのだ。その宇宙が存在しなければ、私たちも生まれていない。つまり、宇宙の一部であるわれわれ自身もまた、数学の言葉で書かれているはずである。「数式を見ると頭が痛くなる」などと嫌悪感を露(あらわ)にする文系人間も多いが、そんな態度で自分自身のことが理解できると思ってんのかコノヤロー！　と罵倒されても文句は言えないだろう。

その一方で、彼らはタテガキの日本語による「わかりやすい説明」ばかり求めるが、そこから得られるのはいわば「まんが源氏物語」みたいなレベルの知識ではなかろうか。古典文学を本当に理解したければ、原文を読め原文を！　それと同様、物理学の真髄に迫りたければ、勇気を持って数式の世界に触れるべきだろう。

そもそも「自称文系」の多くは（私も含めて）文系の学問に詳しいわけでも何でもない（私は文学部出身だが、『源氏物語』の原文はほんの一部しか読んだことがありません。ごめんなさい）。自称文系のほとんどは、本物の文系ではなく、単に「非理系」なだけなのだ。

その証拠に、「文系だから数式はわからない」などと曰(のたま)う自称文系の多くは、数式などまったく出てこない哲学の専門書を読んでも、やっぱり「わからない」のである。だとすれば、「文系だから」を言い訳にして数式から逃げるのは欺瞞(ぎまん)だ。私は五十路を迎えるまで多くのことから逃げてきたけれど、宇宙の一部を構成する存在として、ここは逃げたくない。

そんなことから思いついたのが、本書の企画である。宇宙について書かれた数式を、毛嫌いせずに読んでみるのだ。同じ人間のつくった言葉なのだから、辞書や文法の教科書や先生の助けを借りれば、自分で書くことはできなくても、書かれた意味ぐらいは読み取れるはずである。

これは「冒険」である

では、どんな数式に挑むのか。物理学の数式にもいろいろあるが、やはりここは一般相対性理論の重力方程式、いわゆるアインシュタイン方程式だろう。式そのものはあとで紹介するが、相対性理論は量子力学と並ぶ現代物理学の大黒柱である。それを抜きに宇宙は語れない。アインシュタインの名が出てこない物理学の入門書など、たぶん一冊もないはずだ。

この企画を思いついたのは 2015 年、アインシュタインが一般相対性理論を完成させてから 100 年という大きな節目の年だった。「アインシュタインからの最後の宿題」といわれた重力波も米国のLIGOによって初めて直接検出され（発表は 2016 年。2017 年にはノーベル物理学賞を受賞）、その理論の正しさがますます確固たるものとなった年である。

ところが世間では、いまだに相対性理論を「ワケのわからない新奇な学説」ぐらいに思っている輩が多いような気がする。もちろん理論自体が難解なこともその一因だが、タテガキの言葉だけで「時間の延び」やら「空間の歪み」やらを説明してきたことも、「自称文系」人間が何となく眉に唾をつけてしまう要因ではなかろうか。一方、物理学者たちは数学の言葉でそれを理解しているから、この理論を揺るぎない大黒柱として使うことができるのだろう。

もう 100 年も経ったのだから、いいかげん、そのギャップを埋めなければいけない。これまでは専門家が「数式ナシ」の説明でそれを埋めようと努力してきたが、われわれ素人だって、少しぐらい数式に歩み寄るべきだ。文系人間が数式でアインシュタインの考えを理解し、その正しさに納得する。そろそろ、そういう試みがあっていいはずである。

とはいえ、そんな企画が出版社に受け入れられるとは思えなかった。「数式ナシ」がポピュラーサイエンスの常道なのに、あろうことかその数式そのものを真正面から読もうというのだ。しかも専門知識のない素人がそれをやろうというのだから、非常識きわまりない。ただの軽い冗談だと見なされ、一笑に付されるのがオチである。

だから、これを講談社ブルーバックス編集部が受け入れてくれたのは、大いなる驚きであった。ゴーサインが出たときは、「マジかよ！　天下のブルーバックスでそんなことが許されるのか !?」と、ひどく狼狽（ろうばい）したものである。

そして、次第に怖くなってきた。なにしろ一般相対性理論の重力方程式は、アインシュタイン本人も途中でよくわからなくなってしまい、友人の数学者マルセル・グロスマンに「頼む、助けてくれ。このままでは頭がおかしくなってしまう」とすがりつき、最後は危うく大数学者のダフィット・ヒルベルトに先を越されそうになったぐらい、難しい数学を使っているそうだ。そんなの、オレに理解できるわけないじゃん！　ラテン語の哲学書を読むほうが、まだ簡単そうな気がしてしまうぞ。

だが、企画が通ってしまった以上、もう、あとには引けない。これで「やっぱりやめておきます……」などと逃げ出したら、物書きとしての信用が地に落ちてしまう。

私は覚悟を決めた。チキン扱いされるぐらいなら、トライして憤死したほうがマシだ。

いわば、高尾山（標高 599 メートル）さえケーブルカーで登りたがるレベルの素人が、いきなりエベレスト（標高 8849 メートル）登頂に挑むような暴挙である。誰もが「やめておけ」と羽交い締めにするだろう。登山と違って失敗しても命を落とすことはないが、ライター生命を失うおそれは十分にある。「サルでもわかる相対性理論入門」みたいなヤワなお勉強とは違うのだ。これは「入門」ですらない。「冒険」の旅である。身のほど知らずすぎる冒険だから、もしかしたら途中で遭難してしまうかもしれない。

そのときは、どうか捜さないでください。

準備
の部

第2章 時間の延びとローレンツ変換　…49

第3章 距離と時間と不変間隔　…82

登山
の部

第7章 測地線方程式とエネルギー・運動量テンソル …194

第8章 アインシュタイン方程式 …226

エピローグ
方程式を「読む」「解く」ということ　…245

第1章
ガリレオの相対性原理

1-1
あちこちに顔を出す「$\mu\nu$」の謎

大冒険の一歩を踏み出す前に、自分が登る山の外観を確認しよう。これから私に読まれようとしている一般相対性理論の重力方程式、すなわちアインシュタイン方程式はこれである。

$$R^{\mu\nu} - \frac{1}{2}Rg^{\mu\nu} = \frac{8\pi G}{c^4}T^{\mu\nu} \tag{1.1}$$

……何でしょうか、この、不安とも恐怖ともつかない、揺れ動く乙女心は。外国の街にひとりで放り出されると、わりとこんな気分になりますよね。

もちろん私だって、数字とアルファベットはさすがに読めるし、π もわかる。π の下の c は、おそらく光速を意味するのであろう。それくらいはわかるので、1 文字たりとも読むことのできないハングルだらけのソウルを初めて訪れたときほどの戸

登山準備

惑いはない（文字がわからないことの不安をあれほど強く感じたことはなかった）。

だが、ハングルよりは馴染みのある文字だからといって、たとえばフランス語やドイツ語が「読める」とも言えない。単語の意味や文法などを学んで文意を理解するのが、外国語を「読む」ということだ。数式も、記号の意味や表記のルールなどを学んでその「主張」を理解しなければ、読んだことにはならないだろう。あたりまえだが、音読だけで許される話ではない。

ところが、いまの私にはその音読さえできないのである。とりあえず左から順に読もうとしても、いきなり「アール」の次でつっかえちゃうわけですよ。何だよこの「$\mu\nu$」って。グニャグニャでつかみどころがないし、式全体にヒョコヒョコと顔を出しやがる。手で払っても払っても耳元にブンブンとまとわりつく蚊みたいで、小さいくせに手ごわい感じだ。

ともかく、音読もできないのだから、この式を私ひとりで読解するのは誰がどう考えても明らかに無理な相談である。アインシュタイン方程式というエベレストを登るには、道案内をしてくれるシェルパが必要だ。

数式は読めない私だが、このジャンルの仕事は長いので、物理学業界の知り合いは多い。しかし、そうは言っても、村山先生や大栗先生のようなワールドクラスの専門家にシェルパ役をお願いするわけにもいかないだろう。

そこで私が目をつけたのが、高エネルギー加速器研究機構（KEK）で広報の仕事をしている「しょーた君」である。

髙橋将太君、京都大学理学部物理学科出身。彼と知り合ったのは、羽澄昌史先生の『宇宙背景放射――「ビッグバン以前」の痕跡を探る』（集英社新書）という本を編集したときだ。KEK

の研究室で打ち合わせをしたときに、丸顔の若者が臨席していた。終始ニコニコしていて好印象。聞けば、その仕事に就くまでは京大の大学院でニュートリノ実験を手がけていたという。

その経歴を持ちながら広報の仕事をしているのなら、私の「先生」としてはうってつけの人材である。しかも、一般人向けの「KEK サイエンスカフェ」で案内役を務めるしょーた君は、つくば市から「つくば科学教育マイスター」にも認定された。アウトリーチのプロとして、ド文系おやじにもわかるように教えてくれるにちがいない。私より 20 歳以上も年下なので、いろいろ遠慮なく聞くこともできそうだ。

羽澄先生に相談すると「それはまた大胆な企画ですね」と苦笑しつつも、シェルパ役については「しょーた君が適任かもしれない。彼の仕事にも役立つでしょう」とのこと。羽澄先生が打診したところ、本人も「面白そうですね！」とノリノリだったので、トントン拍子に話がまとまったのである。

1-2
最初の衝撃

2015 年 12 月、私は担当編集者とともにつくばへ向かった。しょーた君オススメのホルモン焼き店で、最初のミーティングである。

じつをいうと私は内臓方面の食い物が苦手で、焼き鳥屋でもつくねとねぎまぐらいしか食べないタイプだ。

しかし、ここはあえてホルモン焼きを受け入れるべきだと考えた。なにしろ私はこれから、ひどく苦手な数式の世界に飛び込むのだ。ホルモン焼きから逃げるような軟弱な生き方を改めなければ、アインシュタイン方程式を克服することなどできるわけがない。ああ、なんて立派な心がけなんだ。

しょーた君は「ボクもこれからいっしょに勉強するつもりでやらせていただきます」とのことだった。というのも、大学院時代の彼が取り組んでいた素粒子物理学は、基本的に重力を扱わない。それはなぜなのか、ごく簡単に話しておこう。私も素粒子物理学の入門書はいくつも編集してきたので、(数式ナシなら) このあたりの説明はできるのだ。えへん。

自然界のいわゆる「4つの力」——重力・電磁気力・強い力・弱い力——のなかでも、重力は極端に弱い(強い力と弱い力は素粒子の世界で働く力だが、その話をすると長くなるので、いまは電磁気力と重力の関係だけ考えよう)。よく言われることだが、小さな磁石1個の電磁気力(磁力)でさえ地球1個の重力に勝ち、机上の金属製クリップを持ち上げる。じつは、電磁気力の大きさを1とすると、重力はこれしかない。

0.000000000000000000000000000000000001

10のマイナス36乗だ。もんのすごーく弱いから、もんのすごーく小さい素粒子の世界のことは、重力をとりあえず無視して考えることができる。それはもう、私たちが自分の体重を計測するときに腸内の微生物1匹の重さを無視している以上に無視できるのである。

そのため「素粒子の標準模型」と呼ばれる理論体系に、一般相対性理論は入っていない。大学院時代に素粒子物理学のニュートリノ実験をやっていたしょーた君がややそれに不案内なのは当然である。物理学徒がみんなアインシュタイン方程式に親しんでいるわけではないのだ。

しかし私にとっては、それぐらいのほうがありがたい。物事を完璧に理解している専門家は、往々にして、初心者が何を理解できないのかが理解できないものだ。

店で出されたホルモン焼きは、私でも食えるものと、やっぱり食えないものが、半々ぐらいだった。これは悪くない兆候だ。苦手でも、がんばって挑戦すれば食えるものもある。そして、あんがいウマい。アインシュタイン方程式だって、やがて少しずつ食えるようになり、数式の味わいにウットリできる日が訪れるだろう。

そのためにも、とりあえずは音読である。しょーた君に聞くと、例の「$\mu\nu$」はギリシャ文字の「ミュー」と「ニュー」だそうだ。形も似ているが、読み方まで似ている。まぎらわしい。しかし文句を言ってもしょうがないので、私はアインシュタイン方程式を読み上げた。いくらド文系のおやじでも、μ と ν さえわかれば、これくらいは楽勝である。

「あーるのみゅーにゅーじょう、まいなすにぶんの……」

「あっ」聞いていたしょーた君が声を上げた。

「えっ？」ポカンとする私。

「……それ、〈乗〉じゃないです」

「マジで？」

「マジです」

私の知っている数学では、右肩に小さく書かれるのは「指数」である。2^5 が「2の5乗」なら、$R^{\mu\nu}$ は「R の $\mu\nu$ 乗」に決まっている。その常識がいきなり覆された。ほとんど「出オチ」である。アインシュタイン方程式、おそるべし。

しょーた君によると、指数ではないのは R の横にある $\mu\nu$ だけではない。左辺の g と右辺の T の横にも $\mu\nu$ があるが、これも、g や T を「$\mu\nu$ 乗」するのではないそうだ。だから、読み方は単に「みゅーにゅー」でよろしい。私は読んだ。アインシュタイン方程式を、初めて、読んだ。
「あーるみゅーにゅーマイナスにぶんのいちあーるじーみゅーにゅーイコールしーよんじょうぶんのはちぱいじーてぃーみゅーにゅー」
　読めた読めた。人類にとっては小さすぎる一歩だが、私個人にとっては大いなる一歩だ。
　でも、全然うれしくはない。「指数ではない $\mu\nu$」の謎が、濃い霧のように目の前に立ちこめる。「みゅーにゅー、みゅーにゅー」と口にするたびに、迷路にハマりこんだ子猫ちゃんみたいな気分になるのだった。
　こういうときは、いきなり細部を掘り下げるのではなく、全体像を把握したほうがよい。道に迷ったら、地図を広げて全体を俯瞰（ふかん）すべし。そもそもアインシュタイン方程式は何をおっしゃっているのか。
　一般相対性理論といえば、「重力で時空が歪む」という話であることは、多くの人がご存知だろう。その理論の正しさは、地球に向かう星の光が太陽の重力で曲がる現象が観測されたことで裏づけられた。
　遠くの星から太陽の近くを通って地球に届く光は、ふだんは太陽が明るすぎるので見ることができない。だが皆既日食のときは太陽が暗くなるので観測できる。1919 年にイギリスのアーサー・エディントン率いる調査隊が日食を観測したところ、太陽に近い星の位置が、夜に観測したときとはズレていることがわかった。夜は光の通り道に太陽がないのでまっすぐ進むが、昼は太陽の重力で空間が曲がるので光も曲がって地球に届く。そのため地球からは、ちょっとズレた方向から来た光のように見えるわけだ。なーるほど。私はこの観測の話が大好きである。なんかコーフンしません？

それはともかく、そのズレ幅はアインシュタインの予言した理論値と高い精度で一致していた。重力によって空間は曲がる。いや、むしろ空間の曲がりこそが重力の正体である——と、アインシュタイン方程式はおっしゃっているらしい。

しょーた君によれば、式の左辺が時空の曲がり具合を表しているのだという。右辺は、その時空に存在する物質やエネルギーの大きさを表している。右辺（物質の量）が大きいほど、左辺（時空の曲がり具合）も大きくなるそうだ。

1-3
$R^{\mu\nu}$ には巨大な中身があった！

では、その時空に物質がまったくなかったら、どうなるか。その状態を表す数式を、私たちはある本のなかに見つけた。ポール・ディラックの『一般相対性理論』（訳＝江沢洋／ちくま学芸文庫）である。著者は、量子力学の「ディラック方程式」で有名なノーベル賞受賞者だ。羽澄先生が「良い教科書ですよ」とおっしゃるので買ったのだが、無論、私がそう思えるような代物ではない。パラパラとページを繰れば、目がくらむような数式の世界が広がっている。

日本語の本文さえ、さっぱり意味がわからない。なにしろ最初のページから、いきなり「特殊相対性理論の諸法則は線形非斉次の変換を許すが、dx^{μ} でいえば、それは線形斉次になる」などと説明抜きで書いてある。ロケットスタートすぎるだろ。

だが、それでも放り投げずにあちこち拾い読みしているうちに、やけにシンプルな式が目に留まった。「アインシュタインの重力の法則」と題したページだ。

〈アインシュタインは、からっぽの空間ではリッチ・テンソルに対して $R^{\mu\nu} = 0$ がなりたつという仮定をした。これが彼の重力の法則である〉

リッチ・テンソルとは、「$R^{\mu\nu}$」の名前であるらしい。しかし「テンソルって何やねん？」という話は後回しだ。私はこの短い式を見てビックリした。宇宙が「からっぽの空間」だったら、重力の法則はこんなにも簡単なのである！　星も銀河も何もかも存在しなければ、アインシュタイン方程式はたった5文字で済んでしまうのだった。ああ、物質なんかなければオレも楽だったのに！

……と思ったものの、物質がなければオレも存在しませんね。この宇宙に存在する物質が私ひとりだったとしても、式の右辺はゼロではなくなり、左辺にも別の要素が加わるのだろう。ある意味で、私やあなたがアインシュタイン方程式を複雑にしているのだった。$R^{\mu\nu} = 0$ という超シンプルなアインシュタイン方程式のセカイでは、われわれは暮らすことができない。ちょっとテツガク的な心境になる話だ。

で、話は結局「$\mu\nu$」に戻る。「R の $\mu\nu$ 乗」でないのなら、これは何なのか。

じつは、μ にも ν にも「中身」がある。「そんなモン、言われなきゃわかるわけないじゃん！」という話なのだが、これはどちらも「座標」を意味しているそうだ。この式が空間の曲がり具合を表すのなら、物体の位置を示す座標が関係しそうなことは、まあ、何となく、わからんでもない。

ただし、3次元空間では (x, y, z) の3つの座標で点の位置

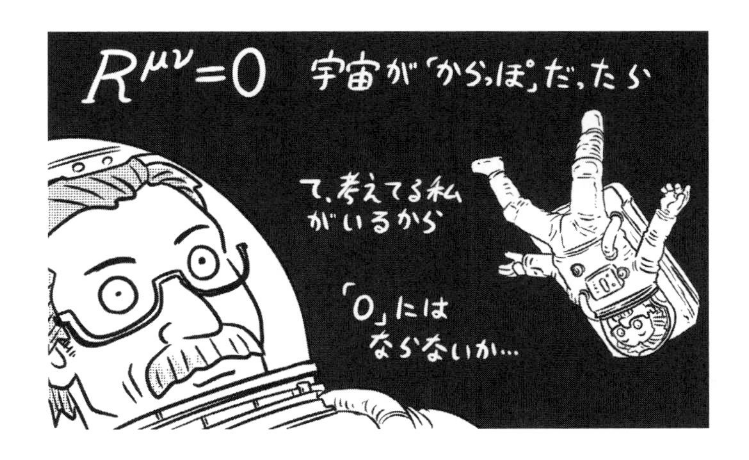

を表すのに対して、相対性理論ではそこに「時間 (t)」を加えた 4 次元時空を考える。時間と空間を一体のものとして扱うので、位置を表すのに (t, x, y, z) という 4 つの座標が必要になるわけだ。

先ほどのディラック本によると、たとえばこの 4 つの座標を「$t = x^0, x = x^1, y = x^2, z = x^3$」とした場合、その 4 つをまとめて「$x^\mu$」と書くという。誰がそう決めたか知らないが、ともかく、μ という添え字は (0,1,2,3) という 4 つの値をとるのである。ν もまたしかり。したがって、「$R^{\mu\nu}$」をその中身がわかるように書き直すと、

R (0,1,2,3) (0,1,2,3)

みたいな感じになるわけです。で、これは何なのかというと、驚いたことに「行列」なのだそうだ。行列。高校で習ったような気もするし、習っていないような気もする。そして、しょー

た君によると「テンソルは行列のお化けみたいなもの」だそうだ。よくわからないが、「$R^{\mu\nu}$」も「リッチ・テンソル」と呼ばれるテンソルの一種らしいから、やはり「行列の化け物」みたいなものなのであろう。

では、「$R^{\mu\nu}$」とはどんな行列なのか。ちなみに左の μ が「行」で、右の ν が「列」だそうです(「行」はヨコ棒が多く、「列」はタテ棒が多いので、漢字のデザインからイメージしやすくなっている)。それぞれ 0 から 3 まで 4 つの値を持つので、μ と ν の組み合わせは、00, 01, 02, 03, 10, 11, 12, 13, 20, 21, 22, 23, 30, 31, 32, 33 の 16 個 (4 × 4) だ。行列にすると $R^{\mu\nu}$ はこう書けるのだった。

$$R^{\mu\nu} = \begin{pmatrix} R^{00} & R^{01} & R^{02} & R^{03} \\ R^{10} & R^{11} & R^{12} & R^{13} \\ R^{20} & R^{21} & R^{22} & R^{23} \\ R^{30} & R^{31} & R^{32} & R^{33} \end{pmatrix} \tag{1.2}$$

何の話をしているのかわからない人が大半だろう。だが、安心してくれたまえ。はっきりいって、私も自分が何を書いているのか全然わからない。ここでは、アインシュタイン方程式の深みを感覚的にわかってもらうだけで十分だ。

私は最初にアインシュタイン方程式を見た段階で、ワケのワカラナイ複雑な式だと感じた。ところが実際は、あれでもかなり整理されている。いわば、氷山の一角を眺めているようなものだ。なにしろ左端の 1 項だけで、水面下にはこのような行列が隠れているのである。目に見える方程式だけでもエベレストみたいなものだと思っていたのに、その下にもこんなデカいものが隠れていたとは！早くも絶望寸前である。

1-4
「登山前の準備」が特殊相対性理論という現実

しかし、そもそもが無謀な挑戦なのだから、この程度で絶望している場合ではない。それに、ここまででも私はかなり進歩したじゃないか。私はもう、アインシュタイン方程式を音読できるだけでなく、何も見ずに書くことさえできる。そんな文系人間は、「鬱」や「薔薇」といった漢字を何も見ずに書ける者よりも圧倒的に少ないだろう。この式を飲み屋でスラスラと書いてみせるだけで「いや〜ん、かっこいい〜」とモテモテになっちゃうに違いない。それはもう、店でのあだ名が「ハカセ」になりかねないぐらいの勢いだ。

もう、この先にどんな挫折があろうがかまわない。本物の登山と違って、失敗しても命まで失うことはないんだし。ダメでもともと、である。

「それじゃあ、登山の準備から始めましょうか」
と、しょーた君は言った。目指すべき山のリアルな姿は麓から少しだけ垣間見えたものの、まだ登りはじめるのは早い。登山も、まずは必要な装備や道具を揃えなければいけないし、筋力や持久力をつけるトレーニングもしなければいけないだろう。しょーた君が「出発前の準備」として提示したメニューは、次のようなものだった。

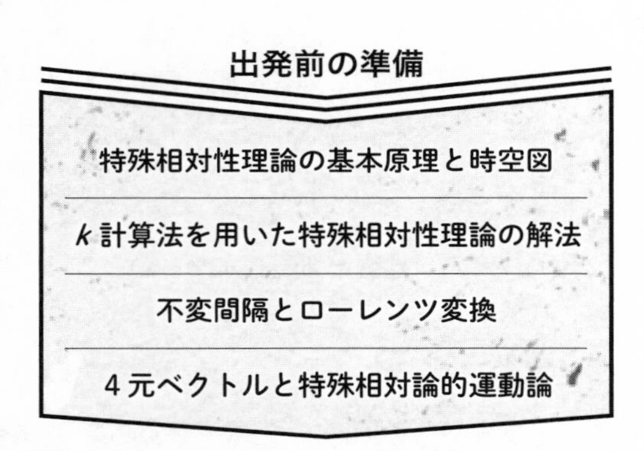

いずれも、これからメインの教科書として使う杉山直(なおし)先生の『講談社基礎物理学シリーズ9　相対性理論』の目次から取り出したものだ（これも羽澄先生が推薦してくださった。今後、単に「教科書」という場合はこの本を指す)。

登山の準備だけで体を壊しそうである。というか、これ、最初から登山じゃん。2行目ぐらいでさっそく遭難しそうじゃん。私が読みたいのは重力方程式なんですけど？　こういうのを迂回(うかい)する楽なルートはないの？

と、のっけから弱音を吐きたくもなったが、やるしかない。

アインシュタインも、まずは1905年に特殊相対性理論を発表し、その10年後に一般相対性理論を完成させた。特殊なくして一般なし、である。

では、そもそもアインシュタインはなぜ特殊相対性理論を考え出したのか。それを理解するには、ガリレオ・ガリレイやアイザック・ニュートンの時代に遡る必要がある。教科書によれば、特殊相対性理論はアインシュタインが一夜にして発明したものではない。その前夜には、「ガリレオの相対性原理」なるものがあった。

えっ？　えっ？　ガリレオさんも相対性理論を考えたの？

……などと早とちりしないように。ガリレオのは相対性「理論」ではなく、相対性「原理」である。ド文系のくせに漢字も読み間違えているようでは、数式を正しく読めるわけがないじゃないか。しっかりしろオレ。

ちなみに自然科学における「原理」とは、辞書的には「ある理論体系の基礎になっている法則および命題」などと説明される。ただし、ややこしいことに、「原理＝法則」ではないらしい。法則は、原理によって導かれるものだという。

しかし一方で、「原理とは事物・事象が従う根本的な法則」であるといった説明もされるのだから堂々巡りだが、要は「なぜそうなるのかを証明できるのがフツーの法則」で、「なぜそうなるのかは証明できないけど経験や実験で明らかな事実として認められた根本的な法則」が原理ということだろう。そういえばユークリッド幾何学では、「同じものに等しいものは互いに等しい」的なごくごく当たり前の前提を「公理」と呼んでいた（ド文系とはいえ、私は数学者の著書もお手伝いしたことがあるので、そんな知識も少しはある）。たぶん、物理学の「原理」

もそれと似たようなものだと思う。

そして、いずれわれわれが学ぶアインシュタインの一般相対性理論の根本には、「一般相対性原理」なるものがあるらしい。それに先立つ特殊相対性理論の根本にあるのは「特殊相対性原理」だ。さらにその前夜に「ガリレオの相対性原理」があったというのだから、登山の準備はまずそれを知ることから始めなければいけない。

また、やや先回りして言っておくと、相対性原理では「座標変換」なる概念が重要になる。**ガリレオの相対性原理では「ガリレイ変換」、特殊相対性原理では「ローレンツ変換」、一般相対性原理では「一般座標変換」**と、それぞれの相対性原理で異なる座標変換を行うらしい。ふーん。わかるのは、「ガリレオ」と「ガリレイ」が同一人物だということだけだ。どっちで呼ぶのかはっきりしてほしい。

ともあれ、まだ雲をつかむような話ではあるが、何となく全体の道筋が少しだけ見えてきた。とにかく「相対性原理」にも

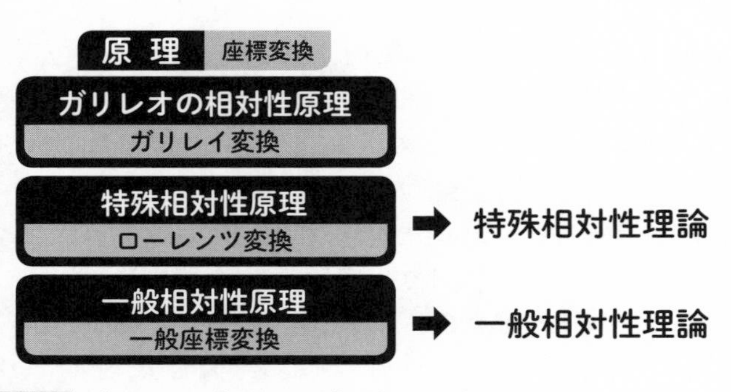

表 1.1 「原理」と「変換」と「理論」の関係

「座標変換」にもそれぞれ3つのステップがあり、それを昇りきったところにアインシュタイン方程式があるのだろう。よしよし。山麓から山頂までのロードマップは把握したぞ。縮尺が小さすぎて、世界地図を頼りに隣町を目指しているような不安はあるけど、いざ行かん。

1-5
ガリレオの「相対性原理」とは？

教科書によれば、ガリレオの相対性原理とは「異なる慣性系であっても、運動の法則が同じになること」である。それが原理（経験や実験で明らかな事実として認められた根本的な法則）なのだから、こう言い直してもいいだろう。

「慣性系が異なるからって、運動の法則が違ったりするわけないだろ。そんなの当たり前じゃーん」――そう言われると、当たり前のような気がしてこないこともないと言えなくもないような心持ちになるわけだが、ちょっと待て。そもそも慣性系って何よ。

そこで出てくるのが、かの有名なニュートンの「慣性の法則」である。

「外部から力が働いていないとき、静止している物体は静止を続け、運動している物体は等速直線運動を続ける」

コレですね。直観的には、「いやいや、運動している物体は放っておいたら減速してそのうち止まるでしょ」と言いたくなるが、そうではない。たしかに転がるボールや回転するコマはやがて止まるが、それは摩擦や抵抗などの力がブレーキとして働くからだ。それらの力がまったく働かなければ、いつまでも等速直線運動が続く。このあたりは、高校時代に物理の成績が

2だった私にもわかります（5段階評価か10段階評価かは忘れたがどっちであれ大差はない）。

さて、慣性系の「慣性」は物体の運動状態の性質だとして、「系」とは何か。これは「基準系」のことらしい。物理現象は、それを観測する立場により異なって見えたり、異なった法則にしたがったりすることがあるという。その観測や記述の基準となる立場が「基準系」だ。

したがって「慣性系」とは、等速直線運動をしている人が見ている風景みたいなものだと思えばよさそうだ。たとえば同じスピードでまっすぐ走る電車の車内は、1つの慣性系である。そこにいる人々には、車内や窓外の風景が同じように見えるだろう。一方、「静止」も等速直線運動の一種（速度ゼロの直線運動）だから、線路脇で立ち止まって電車を眺めている人も1つの慣性系である。それぞれ「異なる慣性系」にいて、別々の風景を見ているわけだ。そして、ガリレオの相対性原理は、こう主張している。

「電車内の人にとっても、線路脇にいる人にとっても、物体の運動の法則は変わらないのだ！」

やっぱり「そりゃあ、まあ、あたりまえじゃん」という感じですよね。違ったらキモチ悪いっす。

しかし、ガリレオが『天文対話』という本で示した思考実験を見ると、その「あたりまえ感」がちょっと揺らぐ。たとえば、船のマストからボールを落としたらどうなるか、という話だ（図1-1）。

静止した船のマストからボールを落とすと、当然、ボールはまっすぐにマストの真下に落下する。船が等速で動いていても同じだ。船に乗っている人から見れば、ボールはまっすぐにマ

図1-1　船のマストからボールを落としたら？

ストの真下に落ちたように見える（図1-1右）。しかし陸にいる人からは、船そのものが移動するのだから、ボールの落下地点も移動して見えるだろう。ボールの動きだけ取り出せば、やや前方に放り投げたような軌道（放物線）を描くのである（図1-1左）。

それでも、2つの慣性系で運動の法則が同じだと言えるのか？　船の上と陸ではそれぞれ違う動きをしたように見えるのに、それが同じ法則によるものだなんて、おかしくね？　だんだん、そんな気持ちになってきましたよね？

だが、これは同じでなければ困るのだ。

それを説明するのに、しょーた君は1本のボールペンを取り出し、「これが運動の法則だと思ってください」と言った。ボールペンを運動法則だと思うのはあまり簡単ではないが、私は「うん、思ってみる」と答えた。

ここで運動法則になぞらえられているのは、ボールペンの「長さ」である。定規で測ると、約14センチメートルだ。しかし見かけの長さは、観察者が見る角度によって違う。水平に持ったボールペンを水平方向に回転させると、見かけの長さは次第に短くなるのだ。やがて見かけの長さはペンの太さ（直径約8ミリメートル）と同じになり、さらに回転させると再び見かけの長さは大きくなっていくのだった。

だからといって、もちろんボールペン自体の長さが伸び縮みしたわけではない。「見かけの長さが違うからって、ボールペンの長さが変わるわけないだろ。そんなのあたりまえじゃん」である。なるほど。落下する石の軌道が、異なる慣性系からは違って見えるのは、ボールペンの長さが角度によって違って見えるのと同じということだ。

ボールペンを回しながら、しょーた君は続けた。

「こうして回転させると見かけの長さが変わりますけど、元の位置に戻せばペンの長さは同じだとわかりますよね？」

「うん、そりゃそうだよね」

「これが、座標変換です」

「え、そんなことなの!?」

ペンを別の角度から見るのは、すなわち「座標系が異なる」ということだ。異なる座標系では見かけの長さが変わるが、座標変換を行えば実際の長さは同じになる。見かけの軌道が異なる石の運動も、何らかの座標変換を行えば、それを支配している法則は同じだと言えるわけだ。

1-6
「ガリレイ変換」の式はあんがい簡単だった

では、運動の法則が変わらないことを示すには、どんな座標変換を行えばよいのか。まずは、2つの異なる慣性系を座標で表そう。「陸の慣性系」を慣性系 S、「船の慣性系」を S' とする。座標を示す軸は縦、横、高さの3つだ。慣性系 S の座標は (x, y, z)、慣性系 S' の座標は (x', y', z') と表す。いよいよヨコガキ理系本テイストになってきたぜ。

船の慣性系 S' は、陸の慣性系 S に対して、x 方向に速度 v で等速運動をしている。陸から見ると、船が速度 v でまっすぐ進んでいるということだ。いやいや、もう陸とか船とかも忘れたほうがいいだろう。座標をイメージするには、2つの慣性系をジャングルジムに見立てたほうがよろしい。しかも「重なって存在できるジャングルジム」だ。ジャングルジム S にぴったり重なっていたジャングルジム S' が、幽体離脱するように x 軸方向に移動するイメージですね。その関係を表したのが、下のグラフである（図1-2）。

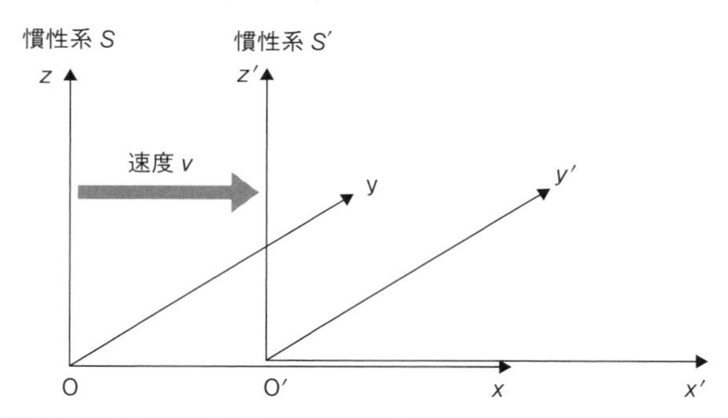

図1-2　慣性系 S' が慣性系 S から「幽体離脱」

y 軸が斜めに描かれているが、これは3次元を2次元で表現したものだから、本当は3本の軸がそれぞれ原点Oと O' で直角に交わっている。こういうグラフにも徐々に慣れていかねばなりませぬ。

このとき、動いているほうの慣性系 S' 上の１点 (x', y', z') ——たとえば原点 O——は、慣性系 S' ではいくら時間が経過しても固定されている。当たり前だ。ジャングルジム全体が動いても、ある１点に結びつけたリボンの位置は（そのジャングルジムにいる人から見れば）動かない。しかし止まっているほうの慣性系 S 上では、時間の経過とともにリボンの位置が変わる。同じボールペンの見かけの長さが角度によって異なるのと同じように、(x', y', z') という座標の位置は慣性系によって異なるわけだ。

ただしこの場合、慣性系 S から見て変化するのは、x 軸上の座標だけである。いわば「横」方向だけが変わり、y 軸＝「縦」方向（というか「奥行き」方向というか）と z 軸＝「高さ」方向は変わらない。では x 軸方向にどう位置が変わるかというと、仮にジャングルジム S' の速度が秒速 v メートルだとすれば、結んだリボン＝座標 (x', y', z') も t 秒後には vt メートルだけ右に移動している。**慣性系 S' の原点 O$'$ にリボンが結んであるとすると、その慣性系 S' でのリボンの座標 (x', y', z') は常に $(0, 0, 0)$ だが、慣性系 S から見ると、t 秒後のリボンの座標 (x, y, z) は $(vt, 0, 0)$ だ。**この場合、慣性系 S の座標 (x, y, z) と慣性系 S' の座標 (x', y', z') の関係は次のように表せる。さあ、いよいよ数式を書くぞ。

$$x' = x - vt \qquad y' = y \qquad z' = z \tag{1.3}$$

意気込んだわりには簡単な式だ。だが、簡単だからといってバカにしてはいけない。この式には、カッコイイ名前がついている。そう。これこそが「ガリレイ変換」なのだ！　オレはいま、ガリレイ変換をやってのけたのだ！

1-7
異なる慣性系の「$F = ma$」が同じになるか

だが、満足するのはまだ早い。ガリレオの相対性原理の主張は、「異なる慣性系であっても、運動の法則が同じになる」というものだった。だが、われわれがいまたしかめたのは、ガリレイ変換によって、見かけの異なるボールペンの長さがじつは同じになるということだけだ。そのボールペンの長さが運動の法則と同じ、という話だったが、これはやはりピンとこない。それを納得するには、運動の法則そのものをガリレイ変換して、同じになるかどうかをたしかめる必要がある。

しかし「法則をガリレイ変換する」とはいったいどういうことだ？　首をひねる私の前で、しょーた君がある法則の式をノートに書いた。音読する私。

「えふいこーるえむえー」

「これはちゃんと読めましたね」

「ふふん。まあ、これくらいは」

読めないほうがどうかしているのだから、胸を張るほどの場面ではない。$F = ma$ は、有名な運動の第2法則、いわゆる「ニュートンの運動方程式」だ。運動の変化（加速度 a）は、加えられる力（F）と同じ方向に起こり、力の大きさに比例し、物体の質量（m）に反比例する――この式はそうおっしゃっているそうです。

この式にあるように質量と加速度の積が「力」だと聞いて「なるほどそういうものか」と受け入れるのは簡単だ。しかしそういう人間（私）は、「質量と速度の積が力だ」と嘘を教わっても「なるほどそういうものか」とあっさり受け入れるであろう。つまり、なーんにもわかっちゃいない。

どうやら、**「質量×加速度」**が**「力（*F*）」**であるのに対して、**「質量×速度」**は**「運動量（*p*）」**というらしい。私ごときでも、速度と加速度の違いは一応わかっているつもりだ。移動した距離を時間で割ったのが速度で、その速度の変化の度合いを表すのが加速度である。だが、そこに質量をかけると現れる運動量と力という2つの概念にどんな意味があるのかは知らない。なぜそんな概念が必要なのかも謎だ。それがわからなければ、「$F = ma$」がわかったことにはならないだろう。

だが、ここはあえてその問題を脇に置き、話を先に進めることにする。そんなところから一歩一歩やっていたら、この企画は全7巻ぐらいの長大なシリーズになってしまう。私はかまわないが、編集部も読者もそこまでつきあってはくれまい。いま取り組むべきテーマは、ガリレオの相対性原理の確認である。ともかく「$F = ma$」という法則があることを黙って受け入れ、それが異なる慣性系で同じになることを理解するのだ。

後ろ髪を引かれつつ、2つの慣性系 S と S' の話に戻りますね。それぞれの慣性系の運動法則は、まだ同じだとわかったわけではない（見かけの長さが違うボールペンみたいな状態だ）。したがって、それぞれ次のように表記する。

$S : F = ma$（いわば実寸どおりに見えるボールペン）

$S' : F' = ma'$（いわば実寸より短く見えるボールペン）

見る角度が違ってもボールペンの重さは変わらないのと同じように、運動する物体の質量はどちらも同じだ。したがって、質量を表す m の右肩には「$'$（プライム）」をつけない。

では、この「$F = ma$」と「$F' = ma'$」が、ガリレイ変換によって同じになるかどうかをたしかめよう。そのためには、慣性系 S における加速度 a と、慣性系 S' における加速度 a' が同じであることを示せばよい。$a = a'$ なら $ma = ma'$ となり、当然、$F = F'$ となるからである。

1-8
とうとう登場しやがった微分記号

まず、慣性系 S の加速度 a はどのように表せるか。速度は「距離÷時間」だから、$v = \frac{x}{t}$ だ。で、加速度は「単位時間に速度が変化する割合」だから、「速度÷時間」。$a = \frac{v}{t}$ である。この「v」にさっきの $\frac{x}{t}$ を代入すると、加速度 $a = \frac{x}{t^2}$ だ。要するに、**距離 x を時間 t で 2 度割れば加速度になる。**

これらの式で計算される速度や加速度は、ある時間の幅のなかでの平均値でしかない。たとえば A 地点からスタートした自動車が B 地点まで 10 メートルの距離を 10 秒かけて移動したなら、その間の平均速度は 10 メートル÷ 10 秒= 1 メートル毎秒だ。平均加速度は（時間で 2 度割るので）、10 メートル÷ 10 秒÷ 10 秒= 0.1 メートル毎秒毎秒となる。

出ました、まいびょーまいびょー。こういう聞き慣れない謎ワードが登場すると、ド文系人間の脳内はうーっすらと霞（かすみ）がかかった状態になるのだった。

でも、たぶん、日常的な言葉のニュアンスに引きずられて立ち止まってはいけないのである。距離を時間で割ると「メートル毎秒」なら、距離を時間の 2 乗で割れば「メートル毎秒毎秒」だ。形式的には合っている。これを素直に受け入れるのが「数式という言語で物事を記述する」ということであるに違いない。きっとそうだと思う。

それはともかく、2つの慣性系 S と S' のそれぞれの座標における運動法則が同じかどうかをたしかめるには、時間的に幅のある平均加速度ではなく、ある時刻における瞬間的な加速度を知らなければいけない。運動の法則が同じなら、慣性系 S の座標 $(x'+vt, y, z)$ での瞬間的な加速度 a と、慣性系 S' の座標 (x', y', z') での瞬間的な加速度 a' が同じになるはずだからだ。

ここで、とうとうアレが登場する。ド文系人間の多くが、聞いた瞬間に身構え、時には唇をワナワナと震わせ、あるいは「いやいや私はそういうの結構ですから」とでも言うように両手を振りながら顔を背けたりするやつだ。しょーた君が黙々と書く数式を、私は固唾(かたず)を呑んで見守った。

慣性系 S の速度：$v = \frac{dx}{dt}$ （あ）
慣性系 S の加速度：$a = \frac{dv}{dt}$ （い）
（あ）を（い）に代入すると $a = \frac{d^2x}{dt^2}$ （う）

距離 x、時間 t、速度 v のすべてに、「d」がくっついている。μ や ν よりは親しみやすいとはいえ、ここが「文系の数式」と「理系の数式」を隔てる最初の断絶だ。$v = \frac{x}{t}$ はすんなり頭に入るのに、$v = \frac{dx}{dt}$ となった途端に数式が未知の外国語のように見える。どちらも同じアルファベットで書かれているのに、である。

「その d って、たぶん……」私は呻(うめ)いた。
「はい」しょーた君がニッコリ微笑む。「微分ですね」
「だ、だよね～」
「……そこからやったほうがいいですか？」

無論、本当は「そこから」である。しかし、さっきも言ったとおり、いま私が知りたいのはガリレオの相対性原理のことだ。ここで微分の基本からみっちりと勉強するのは、遠回りすぎるだろう。もちろん、この冒険に近道などないのはわかっている。だが、いちいち初歩からやっていると、道に迷う可能性が高い。英英辞典で知らない単語を次々と調べているうちに、最初に何を引いたのかわからなくなるようなものだ。すでにガリレオやニュートンに引っかかっている時点で、わりと遠回りしている。はよ 20 世紀に行きたい。

とはいえ、微分を完全に知ったかぶりするわけにもいかないだろう。したがって、ここではごくごく簡単に微分を「わかったつもり」になってから、先へ進むことにしようじゃないか諸君。

1-9
「d」がついたら「瞬間的な変化量」のこと

そこで私はブルーバックスの『マンガ「解析学」超入門 ——微分積分の本質を理解する』(ラリー・ゴニック/鍵本聡・坪井美佐=訳)を開いてみた。それによると、古代ギリシャの哲学者ゼノンは、物体の運動が「不可能だ」と考えたという。急に何を言い出すんだおまえは。

ゼノンの言い分はこうだ。運動とは「時間にともなう位置の変化」のことだ。ところが、運動のある瞬間をとらえると位置の変化は起きていない。瞬間とは、たとえばマストから落下する途中の石を写真に撮ったような状態のことだ。たしかに、ある瞬間をとらえた写真の石は止まっている。つまり、位置が変化しない。

そして、ゼノンによれば時間とは「瞬間の連続」であり、いずれの瞬間にも運動は起きていない(位置が変化していない)のだから、(ゼロをいくら足してもゼロなのと同じように)瞬間をいくらつなげても位置は変化しない、つまり運動は不可能なのであーる!

ゼノンさんは、こんな屁理屈ばかり考えていたらしい。アキレスと亀のパラドックスを考え出したのもこの人だ。後ろから追いかけるアキレスが亀のいた地点に到達したとき、亀はその時間分だけ前進している。次にその地点まで到達しても、やっぱり亀はアキレスより前。したがって、どんなにアキレスが俊足を飛ばしても永遠に亀に追いつけない。「んなアホな」と笑い飛ばすのは簡単だが、ちゃんと反論しろと言われると困る。もしかしたら、私が原稿をどんなに急いで書いても〆切に間に合わないのも、最後の1行がちょっとずつ前進しているからではないかと思えてくるぐらいだ。

さて、ゼノンさんの屁理屈からおよそ2000年後に、2人の男が同時期に同じようなことを考え出した。イギリスのアイザック・ニュートンさんと、ドイツのゴットフリート・ライプニッツさんだ。彼らは、こう考えた。運動する物体は、ある瞬間にはたしかに移動していないが、それでも「運動を示す何か」を持っている。だから、たとえ位置の変化はなくても「運動」をしていると見なせる、というわけだ。

じゃあ、その「何か」って何だ？

答えは「速度」である。速度は「距離÷時間」だから、ふつうに考えたら、位置の変化がなければ計算できない。「瞬間」は距離も時間もゼロだから、速度もゼロだ。でも、たとえば走行中の自動車内でスピードメーターを写真に撮れば、その「瞬間」にも速度があるように思えてくる。同書によれば、ニュートンとライプニッツが考えた「運動を示す何か」とは、「あらゆる物体が、常に速さと方向を示す見えないメーターを持って動いていると言ってもいい。あるいは、すべてのものが、車についているような速度計を持っていると考えることもできる。ただしこの速度計は方向も示す」とのことだ。なるほど。

速度が距離÷時間なら、距離と時間をものすごーく小さくすると、ある「瞬間」の速度に近づく。でも、どんなに小さくして計測しても「瞬間」にはならず、したがって近似値にすぎない。そこでニュートンとライプニッツは、「無限に小さいがゼロではない距離」を「無限に小さいがゼロではない時間」で割ることで、近似値ではない「瞬間の速度」を知る数学を生み出した。それが微分法である。

時間 t_1 から t_2 のあいだに、物体が x_1 から x_2 まで移動した場合、時間の変化 $(t_2 - t_1)$ を Δt、距離の変化 $(x_2 - x_1)$ を Δx と書く。したがって、そのあいだの速度は $\frac{\Delta x}{\Delta t}$ だ。その Δt を「ゼロではないが無限に小さい値」にしたものを、次のように書く。

$$\lim_{\Delta t \to 0} \frac{\Delta x}{\Delta t} = \frac{dx}{dt} \tag{1.4}$$

はい、これで微分はわかったことにします！　とにかく「d」がついたら「瞬間的な変化量」のことである。私は数学の微分の問題を解くわけじゃないので、それぐらいの理解でいいはずだ。頼むから「いい」と言ってくれ。

1-10
力の本質は加速度だった！

ちなみに、ニュートンとライプニッツが生まれたのは、ガリレオ・ガリレイの死後である。したがってガリレオの時代に微分法は存在しない。つまり、いまの私レベルの理解でさえ、ガリレオよりも微分に詳しい（！）ということだ。自信を持って、ガリレイ変換に取り組もうじゃないか。では、あらためて慣性系 S の加速度 a を確認しておこう。

慣性系 S の速度：$v = \frac{dx}{dt}$ （あ）
慣性系 S の加速度：$a = \frac{dv}{dt}$ （い）
（あ）を（い）に代入すると $a = \frac{d^2x}{dt^2}$ （う）

一方、慣性系 S' の加速度 a' は次のように表せる。

慣性系 S' の速度：$v' = \frac{dx'}{dt}$ （あ $'$）
慣性系 S' の加速度：$a' = \frac{dv'}{dt}$ （い $'$）
（あ $'$）を（い $'$）に代入すると $a' = \frac{d^2x'}{dt^2}$ （う $'$）

時間はどちらの慣性系も同じなのでプライムをつけず、速度と加速度はまだ同じかどうかわからないのでプライムをつけるわけだ。で、S の a と S' の a' が同じなら、S の $F = ma$ と S' の $F' = ma'$ が同じになり、異なる慣性系でも運動法則が同じだと言える。ここで登場するのがガリレイ変換の式 $x' = x - vt$ だ。これを（あ $'$）の x' に代入する。

$$v' = \frac{dx'}{dt} = \frac{d}{dt}(x - vt) = \frac{dx}{dt} - \frac{d}{dt}(vt) = \frac{dx}{dt} - v \quad (1.5)$$

これを $a' = \frac{dv'}{dt}$ の v' に代入すると

$$a' = \frac{d}{dt}\left(\frac{dx}{dt} - v\right) = \frac{d}{dt}\left(\frac{dx}{dt}\right) \quad (1.6)$$

途中で「$-v$」が消えたのは、それが定数だからだ。S も S' も「等速」直線運動をするのだから、速度 v は一定、つまり定数である。微分は単位時間あたりの変化量を見るものだが、定数は時間変化しないから微分するとゼロ。だから $\frac{d}{dt}$ と $-v$ をかけるとゼロになって消えるのだった。というわけで、慣性系 S' の加速度 a' は

$$a' = \frac{d^2x}{dt^2} \quad (1.7)$$

おお、これは慣性系 S の加速度を示した（う）と同じではないか！　したがって、$a' = a$ である。ならば、$F' = F$ だ。ガリレイ変換によって、運動方程式「$F = ma$」が異なる慣性

系で不変であることが確認されたのである！

　とはいえ、運動する物体に働く力（F）がどこから見ても同じなのは、あたりまえといえばあたりまえだ。われわれの日常的な直観にまったく反しないので、ちょっと拍子抜けしてしまう。しかし、ここで重要なのは「力の本質は何か」ということなのだそうだ。しょーた君によれば、ガリレオ以前は力の本質が「速度」なのか「加速度」なのか不明だった。実際、前にも書いたとおり、私は「質量に速度をかけたものが力だ」と教わっても信じただろう。それぐらい「質量×速度」は「力」っぽい。だが、それは「運動量」であって「力」ではないのである。見かけの速度は「力」の本質ではない。加速度こそが「力」の本質なのだった。

　なにしろこれは「力学」なのだから、「力」の本質がどの慣性系でも不変であることが大事だというのは、何となくわかる。だが、物理学における「力」という概念がなかなかピンとこないのもたしかだ。たとえばググッと手に「力」を込めてみても、その握りこぶしに加速度があるようには思えませんよね？　だが考えてみると、アインシュタイン方程式が扱う重力も「力」のひとつだ。ということは、もしかしてその本質も加速度ということなのか……？

　しかし、一般相対性理論のことを考えるのはまだ早い。いまは特殊相対性理論の「前夜」の話が終わったところだ。では、そもそもアインシュタインはなぜ特殊相対性理論を考えたのか。次章はそのあたりから始めよう。

第2章
時間の延びとローレンツ変換

2-1 ニュートン力学と電磁波の矛盾

ド文系でも、食わず嫌いをせずに思い切って数式の世界に飛び込めば、「ニュートンの運動方程式が異なる慣性系でも不変であることをガリレイ変換によってたしかめる」という高難度の技ができてしまう。前章ではそれがわかった。なかなかの好スタートである。勇気を持って、特殊相対性理論のステージに進みたい。

じつは物理学自体も、19 世紀に、ガリレオの相対性原理から特殊相対性原理（ガリレイ変換からローレンツ変換）へのステップアップを迫られた。そのあたりの成り行きは、これまで編集してきた本で何度も取り扱ってきたので、私もだいたい知っている。発端は、1864 年に確立されたジェームズ・クラーク・マクスウェルの電磁気学だ。その方程式からは、ある重要な理論的予言が導かれた。「電磁波」の存在である。これが物理学をややこしくした。

というのも、電磁波は光の速さで伝わる。というか、電磁波は光だ。電波も可視光も赤外線も紫外線もX線もガンマ線もすべて電磁波の一種で、波長が違うだけである。だから当然、電磁波は光速で進むのだが、問題はその光速にニュートン力学の「速度の合成則」が当てはまらないことだった。

どういうことか。ここで、いつもの慣性系 S と S' を思い出そう。S' が S に対して速度 v で動いているとき、S' 上に固定された点 (x', y', z') の速度は、S' にいる人から見ればゼロだが、静止している S から見れば v、つまり「$0 + v$」である。この S と S' を結びつけるのが、ガリレイ変換の $x' = x - vt$ という式だった。

では、速度 v で動いている S' 上の点から、さらに別の何かが同じ方向に等速直線運動を始めたらどうなるか。具体的には、速度 v で走る戦艦（慣性系 S'）から、進行方向に向かって速度 w で弾丸を発射するとどうなるかを考える。そこで新たに生じた慣性系を S'' とすると、「S' と S''」のあいだには、前の「S と S'」と同じ関係が成り立つ。慣性系 S'' の座標は（x'', y'', z''）だから、S' と S'' を結びつけるガリレイ変換の式はこうだ。

S' と S'' の関係：$x'' = x' - wt$

では、それを陸から見ている慣性系 S と慣性系 S''（弾丸）の関係はどうなるか。S と S' の関係は $x' = x - vt$ だ。この右辺を上の式に代入すれば、S と S'' を結びつける式になる。

$$S \text{ と } S'' \text{ の関係：} x'' = (x - vt) - wt = x - (v + w)t$$

おお、戦艦の速度 v と弾丸の速度 w が足し算 $(v + w)$ されている！　これこそが「速度の合成則」だ。止まっている人（S）から見ると、戦艦と弾丸の速度が足し算されるのである。

ところがマクスウェルの方程式によると、電磁波の速度にはこの合成則が当てはまらない。速度 v の戦艦から放たれたのが電磁波だとすると、ニュートン理論なら、その電磁波は戦艦からは光速、陸からは光速 $+\ v$ に見えるはずだ。しかしマクスウェル理論では、どういうわけか、陸（慣性系 S）からも戦艦（慣性系 S'）からも同じ速度（光速＝秒速およそ30万キロメートル）に見えるという。

その不気味さは、電磁波（光）と並走することをイメージするとよくわかる。平行に敷かれた線路を2つの電車が同じ速度で並走すると、どちらの電車からも隣の電車が止まって見える。速度の合成則（この場合は引き算）によって、見かけの速度がゼロになるからだ。ところが合成則が成り立たないと、電磁波の隣を同じ速度で走っても、電磁波は光速ですっ飛んでいくように見える。アキレスが亀に追いつけないどころの騒ぎではない。光速で追いかけているのに光速で逃げられてしまうのだ。アキレスは完全に心が折れ、二度と立ち直れないだろう。

2-2
16歳のアインシュタインの思考実験

だがここで、むしろ「光に追いつけるほうがおかしいのではないか？」と考えた若者がいた。大学受験に失敗して浪人中だった 16 歳のアインシュタイン君だ。教科書によると、このときアインシュタインは単に「光と並走したらどうなるか」ではなく、「観測者が手鏡を持ったまま光速で運動するとどうなるか」を考えたという。なかなか異様な光景だ。よくそんなことを思いついたものである。もし速度の合成則が成り立つなら、光速で動く観測者は自分の顔から出る光に追いついてしまうので、光は鏡に届かない。同じ速度で並走する電車が止まって見えるのと同じように、光は顔に張りついたまま動かず、鏡に自分の顔が映ることもないわけだ。

「しかし、そのような現象は起こるとは思えなかった」

晩年の覚え書きに、アインシュタインはそう書き残した。古代ギリシャのゼノンさんに聞かせたら大喜びしそうな話だ。

アインシュタインは 1879 年生まれなので、手鏡の思考実験にふけっていたのは 1895 年頃のことだろう。しかしじつはそ

の8年前の1887年に、光速にまつわる重要な実験が行われていた。有名な「マイケルソン＝モーリーの実験」である。これはじつに壮大な実験だ。さっき私は戦艦から弾丸を発射させたが、アルバート・マイケルソンとエドワード・モーリーは、地球から光を発射した。秒速約30キロメートルで走っている（公転している）地球から光を発射したらどうなるかを測定したのである。

光を発射する方向は2つ。1つは進行方向で、もう1つはそれと直交する方向だ。もし速度の合成則が成り立つなら、後者は地球の速度が加算されないので、前者のほうが速くなる。測定方法の説明は省略するが、この実験によって、地球の進行方向の光とそれに直交する方向の光のあいだには差が認められず（つまり進行方向の光速に地球の公転速度は加算されず）、どの観測者から見ても光は同じ速度で飛ぶことがわかったのだ。

このマイケルソン＝モーリーの実験の結果をアインシュタインが知っていたかどうかは、諸説あってよくわからないらしい。現在の情報環境なら、たちまちツイッターで「光速一定を検証なう」が世界中に拡散されるので、知らずに過ごすほうが難しいだろう。だが、これは100年以上も前の話だ。しかもアインシュタインは当時まだ8歳だった。いくら天才少年でも、リアルタイムでこんなニュースを理解するとは思えない。知らなかったからこそ、8年後に手鏡の思考実験をしたのではないだろうか。

2-3
物理学は妥協を許さない

いずれにしろ、光速に関してはマクスウェルの理論が正しく、ニュートン力学が当てはまらないことがわかった。もちろん、光速以外の問題については、ニュートン力学でちゃんと説明ができる。時速50キロメートルの電車の隣を時速50キロメートルで走ったときに、相手が時速50キロメートルですっ飛んでいく——なんてことは起こらないから、心配は無用だ。それはちゃんと止まって見える。

「それならそれでいいんじゃね？」

そう思う人もいるだろう。速度の合成則が光速に当てはまらなくても、われわれの日常生活に支障はない。戦艦から発射される弾丸や並走する電車のことはニュートンさん、光速のことはマクスウェルさんにおまかせすれば丸くおさまる。

しかも、いまは多様性を受け入れる寛容の精神が求められる世の中だ。ニュートンさんも正しいし、マクスウェルさんも正しい。ナンバーワンより、オンリーワン。どちらも認めて、みんなで仲良く暮らそうよ……などと言いたい気持ちもわからなくはない。

だが、そこで「みんな違って、みんないい」とは考えないのが物理学者なのだった。彼らは、自然界のあらゆる物理現象をできるだけシンプルな理論で記述したいと考える。最終的にはすべてを統一的な理論で説明できるはずだ、という信念があるのだ。

したがって、ニュートンの力学とマクスウェルの電磁気学がそれぞれ別々に何かを説明していたのでは困る。両者に矛盾があるなら放ってはおけない。光速も弾丸の速度も同じ法則で説明するには、どちらかの理論を修正すべし。商談じゃないんだから、「まあまあ、お互いにちょっとずつ譲歩しなさいよ」みたいなことではいけない。物理法則を妥協の産物にしてどうする！

そこで修正を迫られたのは、ニュートン力学のほうだった。そちらのほうが、マクスウェルの理論よりもアバウトだと思われたからだ。日常レベルではニュートン力学で物体の運動を説明できるが、厳密に見るとそれはちょっとだけズレている（これを近似という）。光速のような極端な状態になるとズレが大きくなって、無視できなくなる。

では、その「ズレ」とは何なのか。それを明らかにしたのが、アインシュタインの特殊相対性理論にほかならない。

光速には速度の合成則が当てはまらないので、前にガリレイ変換を使って説明した $x'' = x - (v + w)t$ という式は電磁波には使えない。つまりマクスウェルの電磁気学は、ガリレオの相対性原理からはみ出しているわけだ。

そこでアインシュタインは、相対性原理を電磁気学が含まれる形に拡張することを提案した。この「特殊相対性原理」が、特殊相対性理論を支える原理のひとつだ。

2-4 暴かれたニュートン力学の限界

特殊相対性理論には、特殊相対性原理のほかにもうひとつ重要な原理がある。「光速度不変の原理」だ。どんな慣性系で測定しても、真空中の光速度は一定――という原理である。

光速は「宇宙の制限速度」とも呼ばれ、物体や情報の速度はそれを超えることができない。どの慣性系から見ても光速が変わらないので、「秒速30万キロメートル＋秒速30万キロメートル＝秒速30万キロメートル」あるいは「秒速30万キロメートル－秒速30万キロメートル＝秒速30万キロメートル」という奇妙な計算が成り立つわけだ。速度の合成則が成り立たないとは、そういうことである。

しかしこれは、どうにもキモチが悪い。足したり引いたりした速度は、一体どこに消えてしまうのか。速度が変わらないのなら、別の何かが変化しなければ帳尻が合わない。

ここでなんとアインシュタインは、光速が一定である代わりに、時間のほうが変化すると考えた。素っ頓狂な話に聞こえるが、「距離÷時間＝速度」という単純な式をじーっと眺めていると、だんだん「まあ、そういうことがあってもいいか」という気持ちになる。どうやっても右辺の大きさが変わらないなら、その分、左辺にしわ寄せがいくのも無理はなかろう。速度が頑(かたく)なに変化を拒むなら、時間のほうが柔軟な姿勢で対処すればよろしい。

そもそもガリレオの相対性原理は、時間のことを考えていなかった。光が伝わるのには時間がかかるので、船の上にいる人と陸にいる人とは、マストから落ちる石をじつは同時に見ていない。でも光速はべらぼうに速いので、慣性系 S（陸）と慣性系 S'（船）の時間のズレがわからない。だから同時に起きているように見えてしまうのである。

実際はそれが同時ではないことを、多くの入門書でお馴染みの「走る列車と線路脇でそれを見ている人」というパターンで説明しよう（図 2-1）。線路脇が慣性系 S、それに対して速度 v で等速直線運動をする列車が慣性系 S' だ。

車両の中央に置いた光源 A から、進行方向とその反対方向に向けて同時に光を出したと思いましょう。車両のいちばん前（B 点）といちばん後ろ（C 点）は光源 A から等距離なので、当然、B 点と C 点は同時に光を受け取ることになる。

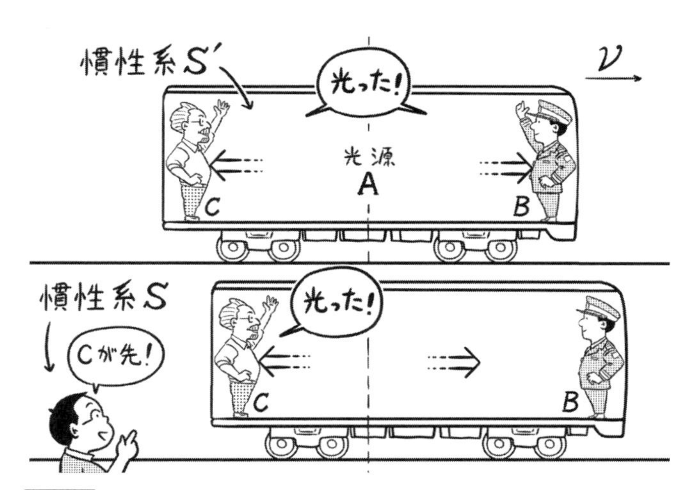

図 2-1　時間は絶対的なものではない！
見ている場所によって「同時」が「同時」ではなくなる

一方、線路脇ではそれがどう見えるか（車両は全体的にガラス張りだから内部が丸見えという非現実的な条件を黙って受け入れよう）。車両は速度 v で x（右）方向に走っているので、光が出た後、B 点は光源 A から遠ざかり、C 点は逆に近づく。そのため線路脇では光が先に C 点に届き、その後で B 点に届いたように見えるはずだ。慣性系 S' では同時に観測される現象が、慣性系 S では同時には観測されない。

これは大変なことである。ニュートン力学は、どの慣性系でも同じように流れる「絶対時間」を前提にしていた。ところが光速度一定の原理によって「同時」という概念が崩れ、時間は絶対的ではなく相対的なものになったのだ！

2-5
ミンコフスキー時空図で時空を深く理解する

……と、ここまでは多くの入門書で説明されているので、私も知っていた。しかし本書はもう少し踏み込まなければいけない。いつまでも「動く列車と線路脇の人」の話だけでわかった気になっているようではダメだろう。

そこで、しょーた君が私に示したのが「時空図」である。時間と空間を1つのグラフで表すものだ。ヘルマン・ミンコフスキーという数学者が提案したので、「ミンコフスキー時空図」とも呼ばれる（図2-2)。これを使うと、異なる慣性系のあいだで時間がズレることの意味がより深く理解できるらしい。

時間と空間を表すとはいえ、時空図は縦軸と横軸の2次元しかない。本来は空間3次元+時間1次元の4次元時空なのだが、簡単のため、空間を横軸の x のみで表している（さりげなく使ってみたが「簡単のため」とか書くと専門家っぽくてドキドキする)。

一方の縦軸は時間だが、横軸の空間 (x) が距離なので、次元を揃えるために「ct（光速×時間)」とする。この「次元」は、3次元空間や4次元時空などの次元ではない。物理量の基本となる長さ、質量、時間のことをそう呼ぶそうだ。「次元を揃える」とは「単位を揃える」という意味だと思えばよい。時間の単位は秒（sec)、長さの単位はメートル（m）だが、時間 t を ct とすれば、空間 x と同じ単位で把握できるわけだ。

縦軸に時間、横軸に空間を取った座標系を1つの慣性系 S と見なすのは、ガリレオの相対性原理で使った座標と同じである。一方、その慣性系 S に対して等速直線運動をする別の慣性

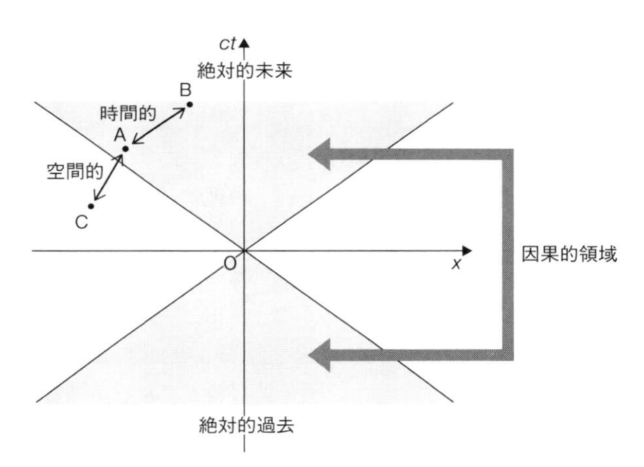

図 2-2　ミンコフスキー時空図
光の軌跡（45 度の直線）の内側が因果的領域

系 S' は、グラフ上では 1 本の直線で表される。たとえば、慣性系 S' が S に対して静止していたら、「縦軸に平行な直線」だ。時間は下から上に向かって流れるが、静止しているなら、いくら時間が経過しても空間の位置は動かない。したがって、その静止している慣性系 S' が原点から x 軸方向にプラス 1 メートルの位置にあるのなら、$x = 1\mathrm{m}$ の点を通る垂直の線になる。

では、その慣性系 S' が S に対して光速で運動していたらどうか。ミンコフスキー時空図では、それが 45 度の直線になるように目盛りをつけている。図 2-2 に描かれているのは、原点を通って x 軸のプラス方向へ進む光と、マイナス方向に進む光の軌跡だ。この 2 本の光の軌跡のことを（3 次元なら円錐形になるので）「光円錐」と呼びます。速度が光よりも遅い運動のグラフは傾きが 45 度よりも急になる（時間軸に近づく）ので、光円錐の内側におさまることになる。

ここからいささか難解な話になるが、光円錐の内側のことを「因果的領域」という。光速は宇宙の「最高速度」なので、この内側でなければ物理的に連絡が取れない（だから因果関係が持てない）のだという。翻訳の難しい物理学特有の言葉遣いだが、光が届かない領域は見えないわけだし、電波も届かないのだから、たしかに因果関係を持ちようがないとは思う。

さらに、この因果的領域にある2点の関係を、「時間的」と呼ぶ。原点（現在）より上は未来、原点より下は過去だから、その呼称もわからなくはない。因果関係は基本的に時間的な前後関係だからね。

いちばんわかりにくいのは、光円錐の内側と外側にある2点の関係を「空間的」と呼ぶことだ。因果関係がない（つまりそこは過去でも未来でもない！）ものの、光円錐の外側がこの世に存在しないわけではないらしい。いま、この瞬間に、間違いなく宇宙に存在しているにもかかわらず、地球とは信号のやりとりができない「空間的」な関係の天体はあるそうだ（たとえば地球から4.3光年離れたケンタウルス座α星などがそうだという）。このへんが特殊相対論の不思議なところだが、深掘りするとキリがないので本題に進もう。

2-6
「同時」は慣性系によって異なる！

さて、時空図を使って時間のズレを考えるのである。図2-3のようなグラフを見た瞬間に面倒臭くなって「もう無理！」と顔を背けるのがド文系人間のダメなところだが、指でなぞりながら根気よく見ていこうと思います。

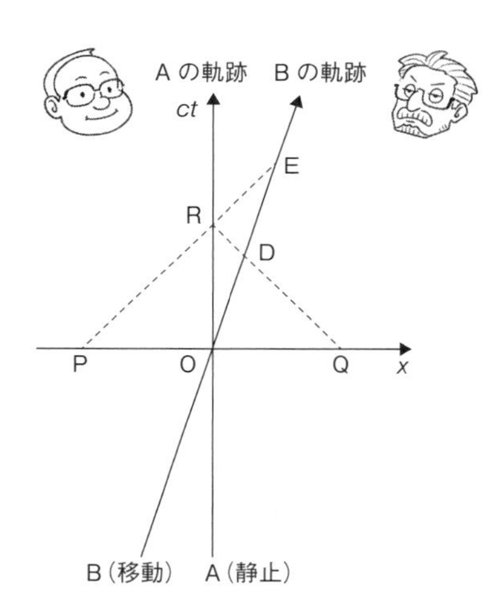

図2-3　時間のズレを考える時空図
（杉山直『講談社基礎物理学シリーズ9 相対性理論』を改変）

これは、図2-4のような状況を表したものだ。

静止しているAのすぐ横を、Bが速度vで通過した。このとき、AとBは時計を合わせている。それがグラフの原点Oだ。その瞬間に、原点（Aの立っている場所）から等距離にあるP点とQ点から光が発せられた。その光の軌跡が、45度で引かれた2本の点線だ。**PとQから同時に発せられた光を、AはRで同時に受け取る。**

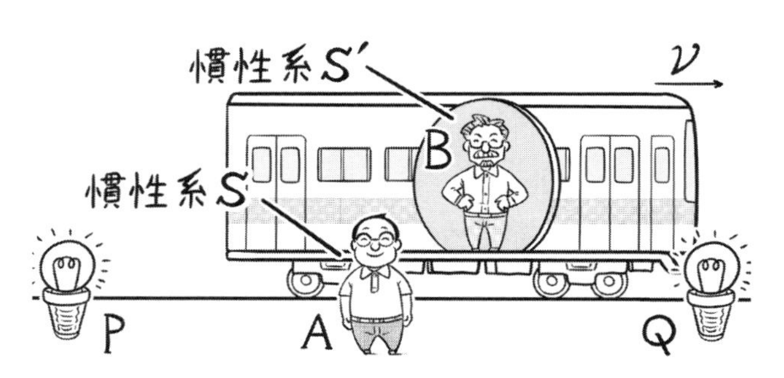

図2-4　静止しているAと動いているBが光を観測すると

一方のBは（光速よりも遅い）速度vで動いているので、45度よりも傾きが急な直線で表される。これが「慣性系Sに対して速度vで動く慣性系S'」だ。**BはQからの光をD、Pからの光をEで受け取る。どちらも、Aが同時に受け取ったRとは時間がズレている**のがわかるだろう。

では、Bには2つの光がいつ発せられたように見えるか。光源のPとQは$ct = 0$の位置にあるが、Bにとっても光速は一定なのだから、受け取った時刻がAと異なるなら、発せられたことを観測した時刻もAの観測とは異なるはずだ。

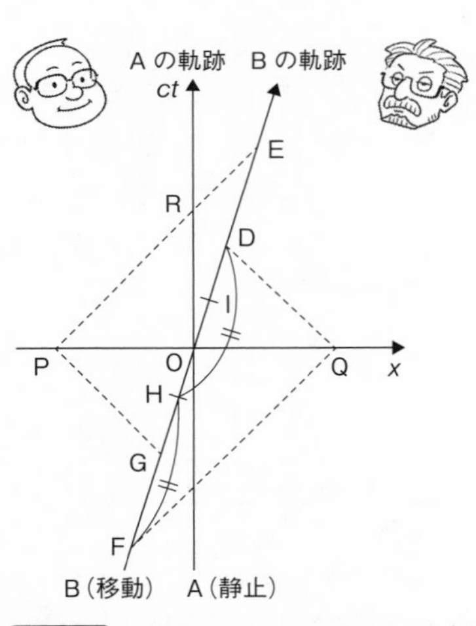

図2-5 ややこしいことを考える時空図
（杉山直『講談社基礎物理学シリーズ9 相対性理論』を改変）

「ここで、ちょっとややこしいことを考えます」と、しょーた君が言った。ここまででも十分にややこしいので勘弁してほしいが、しょうがない。

左の時空図を見てみよう（図2-5）。Bが原点を通る前にFの位置で自ら光を光源Qに向けて発し、それを受信した光源Qから瞬時にBに光が送り返されたとすると、どうなるか。

この場合、Bは自分が光を発してから受け取るまでの時間を測定できる。もしそれが10秒なら、Qが光を返してからDで受け取るまでの時間は半分の５秒、１年かかったなら半年だ。つまり、$\overline{\mathrm{FD}}$の中点Hが示す時刻にＱが光を自分に向けて発したように見える。

光源Ｐのほうも同じ。ＢはＰからの光をＱからの光よりも後で受け取ったのだから、ＢからＰに光を発した時刻はＦより後のＧだ。したがって、ＰがＢに光を発したのは、$\overline{\mathrm{GE}}$の中点Ｉだと観測される。

このように、ＡにはＰとＱの発光も自らの受信も「同時」に見えるが、Ｂにはどちらも「同時」には見えない。Ｂは、先にＱが光った後でＰが光ったように見える。こう書くと「Ａの観測が正しくて、Ｂは錯覚を起こしている」ように感じてしまうが、そうではない。時空図をＢを基準に書き換え（Ｂの軌跡を垂直な縦軸にして、それと直交する横軸を書けばよい）、Ａの軌跡が傾く形にすれば、受ける印象は逆になるだろう。だから、どちらかが正しいわけではない。何が「同時」かは、それぞれの慣性系で異なるのだ。

2-7
謎の係数「k」を求めるのだ

２つの慣性系で時間がズレることはわかった。では、そのズレ具合はどれぐらいなのか。

しょーた君によると、特殊相対性理論の計算では時間の延びを「γ（ガンマ）」なるもので表す。これは相対性理論における最重要アイテムの１つで、「ローレンツ係数」とも呼ばれるらしい。いずれ勉強することになるローレンツ変換の式でもこのγを使うそうだから、素人の私にもそりゃあ大事だと思える。

そして教科書では、γを求める前に、その計算に使う謎の係数「k」を求めている。これを使うとγの導出がしやすいらしい。これを「k計算法」という。係数を求めるために、係数を求めるのか。何やら難しそうだが、しょーた君によると、ここからローレンツ変換の導出までは「計算は面倒臭いところもあるけど、だいたい中学校までの数学でイケるはずです」とのこと。アインシュタイン方程式がエベレストなら、ここは平地どころかむしろ下り坂みたいなものかもしれない。そんなところでヘコたれていたら、冒険の旅に出る資格など得られない。やってやろうじゃないか、k計算法。

登場人物（というか登場慣性系）は、さっきと同じAとBだ。しかし今回はA、Bそれぞれが光源となる。まずAがBに向かってT秒間、光の信号を継続して送り、BはAから届いた光をすぐにAに向かって投げ返す、という設定だ。正直なところ、AもBもあまり楽しそうな役回りではない。

その光のやりとりを表した時空図がこれだ（図2-6）。

BにT秒かけて光を送り終わったとき、AはRにいる。原点Oからの距離（$\overline{\mathrm{OR}}$）はctだ。光の軌跡は45度だから、AがRで光を送り終えたとき、BはRの45度上のPにいる。AがBに光を送りはじめたのは原点Oだから、**Bが光を受けていた時間は$\overline{\mathbf{OR}}$（$= cT$）より長い。その長くなった割合を示す係数が、われわれが求めようとしている「k」だ。**BがAからの光を受け取っていた時間を表す$\overline{\mathrm{OP}}$の長さは$\overline{\mathrm{OR}}$のk倍、つまり$\overline{\mathrm{OP}} = kcT$である。

さらに、BはAに光を投げ返す作業をPで終える。そのときAがいるのは、Pの左45度上のQだ。Aは原点OからQまで、Bからの光を受け続けた。こんどはBの時間を基準にして考えると、Aの時間はBのk倍。したがって、AがBか

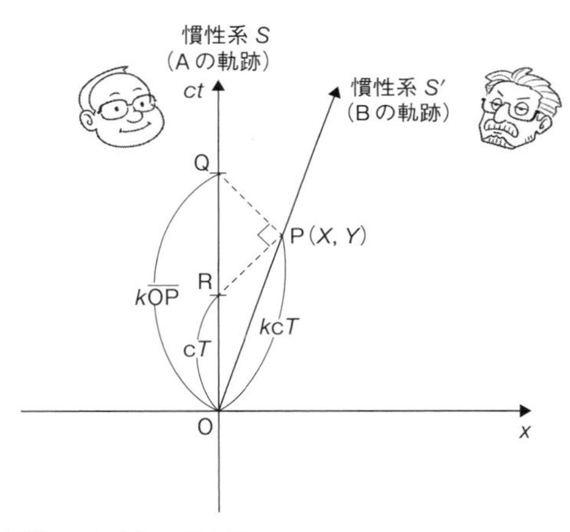

図 2-6　係数 k を考える時空図
（杉山直『講談社基礎物理学シリーズ 9 相対性理論』を改変）

ら光を受け取っていた $\overline{\mathrm{OQ}}$ も $\overline{\mathrm{OP}}$ の k 倍になる。

$$\overline{\mathrm{OQ}} = k\overline{\mathrm{OP}} \tag{2.1}$$

これに $\overline{\mathrm{OP}} = kcT$ を代入すると

$$\overline{\mathrm{OQ}} = k^2 cT \tag{2.2}$$

「要するに、こういうこと？　A は B に向かって T 秒間、光を発した。それを B は T 秒の k 倍かけて受け取った。B はその kT 秒間、ずっと A に向かって光を発していた。それを A は kT 秒の k 倍（k^2T 秒間）かけて受け取った」

「はい、よくできました。では次に、速度 v で動く B の軌跡の傾きがどうなるか考えましょう」

テキトーにホメつつ、どんどん話を進めるしょーた君であった。いきなり「傾き」と来ましたよ。その概念自体は、まあ、知っている。x と y の関数なら「x が 1 増えたときに y が変化する量」が傾きだ。たとえば「$y = 2x$」の場合、x が 1 増えると y が 2 増えるので、変化の割合（傾き）は 2 である。

では、B の軌跡はどうか。横軸の x が 1 増えると縦軸が ct 増えるので、傾きは $\frac{ct}{x}$ だ。この x は速度 v ×時間 t $(x = vt)$ である。この v を移項すると $t = \frac{x}{v}$ となり、$\frac{ct}{x}$ に $t = \frac{x}{v}$ を代入すれば、B の傾きを次の形で表せる。

$$c\frac{x}{v}\left(\frac{1}{x}\right) = \frac{c}{v} \tag{2.3}$$

これ自体はそんなに難しい話ではないが、なぜこんなことをしているのかがわからない。しょーた君によると、最終的には謎の係数 k を「c と v で表したい！」という目標があるそうだ。光速と速度か！　なぜそれで表したいのかわかんないけど、いい考えだと思います！（テキトーなホメ返し）

次にわれわれが注目すべきは、B が作業を終えた P 点だ。A の慣性系におけるその座標を仮に (X, Y) とする。B の傾きは $\frac{c}{v}$ だから、$\frac{Y}{x} = \frac{c}{v}$ だ。教科書によれば「X, Y を k と T の関数として表し、T を消去すれば、k を c と v で表すことができる」という。ふーん。やっぱり k を c と v で表したいんだな。じゃ、やってみます。

話はまず「$\overline{\mathrm{RQ}}$ の長さ」から始まる。A が光を送り終わってから B の光を受け取り終わるまでの長さだ。それが、

$$\overline{\mathrm{RQ}} = 2(Y - \overline{\mathrm{OR}}) \tag{2.4}$$

になるのがおわかりだろうか。教科書では「図からただちに」

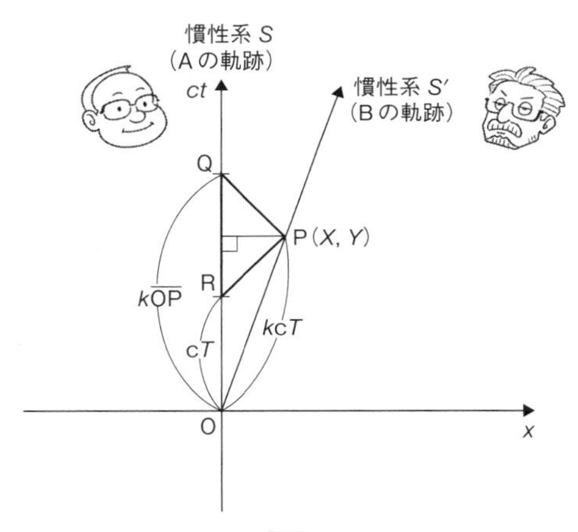

図 2-7　三角形 PQR の P から $\overline{\mathrm{RQ}}$ に垂線を引く
（杉山直『講談社基礎物理学シリーズ 9 相対性理論』を改変）

そうなると書いてあるが、私はかなり時間がかかりました。ここは（少なくとも私には）補助線が必要だ。**P から $\overline{\mathbf{RQ}}$ に垂線を引く**のである。**三角形 PQR は直角二等辺三角形だから、垂線が交わるのは $\overline{\mathbf{RQ}}$ の中点だ**（図 2-7）。その中点の座標は $(0, Y)$ なので、$(Y - \overline{\mathrm{OR}})$ で R から中点までの長さが出る。それを 2 倍すれば $\overline{\mathrm{RQ}}$ の長さだ。やっと式 (2.4) の意味がわかりました！　結局 $\overline{\mathrm{OQ}}$ の長さは

$$\overline{\mathrm{OQ}} = \overline{\mathrm{OR}} + \overline{\mathrm{RQ}} \tag{2.5}$$

これに (2.4) の $\overline{\mathrm{RQ}} = 2(Y - \overline{\mathrm{OR}})$ を代入すると、

$$\overline{\mathrm{OQ}} = \overline{\mathrm{OR}} + 2(Y - \overline{\mathrm{OR}}) = \overline{\mathrm{OR}} - 2\overline{\mathrm{OR}} + 2Y = 2Y - \overline{\mathrm{OR}} \tag{2.6}$$

これを「$Y=$」の形に変形させる。$2Y=\overline{\mathrm{OQ}}+\overline{\mathrm{OR}}$ だから、

$$Y=\frac{1}{2}\left(\overline{\mathrm{OQ}}+\overline{\mathrm{OR}}\right) \tag{2.7}$$

ここに (2.2) の $\overline{\mathrm{OQ}}=k^2cT$ と $\overline{\mathrm{OR}}=cT$ を代入。

$$Y=\frac{1}{2}\left(k^2cT+cT\right)=\frac{1}{2}cT\left(k^2+1\right) \tag{2.8}$$

かなり整理されてきた。しょーた君の書く数式を横目で見ながらノートに写していると、問題が徐々に解決に向かっているような手応えが得られて気持ちがよい。印刷された数式を見るのと、自分で手を動かすのとでは大違いだ。よかったら、読者のみんなもいっしょに数式を書いてみてネ！

ここで、X のほうに目を転じよう。P から $\overline{\mathrm{RQ}}$ に下ろした垂線の長さだ。$\overline{\mathrm{RP}}$ を底辺とする三角形は直角二等辺三角形だから、X は $\overline{\mathrm{RQ}}$ の半分 $(Y-\overline{\mathrm{OR}})$ と等しい。うんうん、そうだそうだ。中学校の数学を思い出して楽しくなってきたぞ。したがって、次のようになる。

$$X=\frac{1}{2}\overline{\mathrm{RQ}}=Y-\overline{\mathrm{OR}} \tag{2.9}$$

ここに、$Y=\frac{1}{2}cT(k^2+1)$ と $\overline{\mathrm{OR}}=cT$ を代入すると

$$X=\frac{1}{2}cT(k^2+1)-cT \tag{2.10}$$

次に、これを cT ではなく $\frac{1}{2}cT$ でくくる。

$$X=\frac{1}{2}cT\left\{\left(k^2+1\right)-2\right\} \tag{2.11}$$

$\{\quad\}$ の中を計算すると（簡単だ）、最終的には、

$$X = \frac{1}{2}cT(k^2 - 1) \tag{2.12}$$

これで、X と Y がどちらも k と T の関数になった。あらためて $Y = \frac{1}{2}cT(k^2 + 1)$ と見比べると、なかなかきれいな形だ。(-1) と $(+1)$ が違うだけである。

しかしまだ係数 k は謎のままだ。この k を、c と v で表すのが当面のゴールである。先ほど見たように、$\frac{c}{v}$ という傾きは、$\frac{Y}{X}$ と同じだ。これに $X = \frac{1}{2}cT(k^2-1)$ と $Y = \frac{1}{2}cT(k^2+1)$ を代入すると、分母（X）と分子（Y）の両方に含まれる $\frac{1}{2}cT$ は約分されるので、次のようになる。

$$\frac{c}{v} = \frac{Y}{X} = \frac{k^2 + 1}{k^2 - 1} \tag{2.13}$$

これを最終的には「$k =$」の形にしたいので、
まずは $\frac{c}{v} = \frac{k^2+1}{k^2-1}$ という形にして、
両辺の分母と分子を「たすきがけ」にすると
$c(k^2 - 1) = v(k^2 + 1)$　となり、さらに
$ck^2 - c = vk^2 + v$（カッコを開いた）
$ck^2 - vk^2 = v + c$（k を左辺に集めた）
$k^2(c - v) = v + c$（左辺を k^2 でくくった）
$k^2 = \frac{c+v}{c-v}$（両辺を $c - v$ で割った）
しょーた君、すごい！　鳥肌立ってきた！

さらにここで、かなりトリッキーな変形を行う。$\frac{v}{c}$ という形を作るために右辺の分母と分子を c でくくる(しかもくくるのに使った c は約分で消える）のだ。

$$k^2 = \frac{c(1 + \frac{v}{c})}{c(1 - \frac{v}{c})} = \frac{1 + \frac{v}{c}}{1 - \frac{v}{c}} \tag{2.14}$$

なぜこうまでして $\frac{v}{c}$ を作りたかったかというと、これは物体の速度 v と光速 c の割合を示すものだからだ。いまの設定でいえば、B が光速の何パーセントで動いているかを表している。これは相対論の計算をする上で重要な値だし、いちいち $\frac{v}{c}$ と書くと煩雑になることもあり、「β」という記号で置き換えるのがお約束とのこと。したがって、

$$k^2 = \frac{1+\beta}{1-\beta} \quad \Rightarrow \quad k = \sqrt{\frac{1+\beta}{1-\beta}} \tag{2.15}$$

わーお。キミはそんな姿をしていたのか……。光速は「宇宙の最高速度」だから、v は c より必ず小さく、したがって β $(=\frac{v}{c})$ は 1 より小さい。それを $k = \sqrt{\frac{1+\beta}{1-\beta}}$ に当てはめると、分母 $(1-\beta)$ は必ず 1 より小さく、分子 $(1+\beta)$ は必ず 1 より大きくなることがわかる。だから、その分数の平方根である k は、必ず 1 より大きい。つまり、基準となる慣性系から見て速度 v で動いている慣性系は、時間が（縮むのではなく）延びているように見えるのである。

タテガキの入門書でもそのことは理解していたつもりだった。だが、こうして数式を通じてそれを目の当たりするのは、じつに感動的だ。

2-8 ローレンツ係数「γ」も求めるぞ

さて、係数 k がわかったので、時間の延びを表すローレンツ係数「γ」を求めに参ろう。それに先立って、しょーた君がこう告げた。

「さっきまでは時間 t に c をつけて時間を距離のように扱って

きましたが、次は時空図の縦軸を ct ではなく t と考えて、時間をそのまま時間として扱います」

たとえばBがAに光を送り続けた $\overline{\mathrm{OP}}$ なら、さっきは「kcT」だった。しかし時間だけにすると、その長さは c が抜けて「kT」となる。「kT 秒」と単位をつけたほうが、意味合いを飲み込みやすいかもしれない。B が kT 秒かけて送った光を、A は O から Q まで受け続けた。では、Q で最後の光を受け取ったとき、A はその光がいつ放出されたと考えるか。

答えは、「$\overline{\mathrm{RQ}}$ の中点」である。さっき、P から縦軸に下ろした垂線のところですね。その時刻は、縦軸が ct なら「Y」だ。しかしいまは c を抜くので、「$ct = Y$」の両辺を c で割って、$t = \frac{Y}{c}$ となる。こちらも「$\frac{Y}{c}$ 秒」と単位をつけたほうが飲み込みやすい。A は、B が 0 秒から $\frac{Y}{c}$ 秒まで自分に向かって光を送り続けたと観測する。つまり A にとって、B が光を送り続けた時間は「$\frac{Y}{c}$ 秒間」だ。これを t_{A} としよう。一方の B にとって、自分が A に光を送り続けた時間は「kT 秒間」だった。こちらは t_{B} とする。

$$t_{\mathrm{A}} = \frac{Y}{c} \qquad t_{\mathrm{B}} = kT \tag{2.16}$$

「この A の時間 t_{A} と B の時間 t_{B} がどういう関係になっているかを表すのが、これから求める γ です」

おお、そういうことか。たしかに、さっき求めた係数 k が役に立つわけだ。苦労が報われると、やる気が出る。

まず、Y に（2.8）の $\frac{1}{2}cT(k^2+1)$ を代入するぜ。

$$t_{\mathrm{A}} = \frac{Y}{c} = \frac{\frac{1}{2}cT(k^2+1)}{c} = \frac{1}{2}T(k^2+1)$$

分母と分子の c が約分で消えた。次に、$t_{\mathrm{B}} = kT$ を $T = \frac{t_{\mathrm{B}}}{k}$

と変形して代入する。

$$t_{\mathrm{A}} = \frac{1}{2}\frac{t_{\mathrm{B}}}{k}(k^2+1) = \frac{1}{2}\frac{k^2+1}{k}t_{\mathrm{B}}$$

ここで係数 k の登場だ。$k=\sqrt{\frac{1+\beta}{1-\beta}}$ を上の式に代入する。しょーた君の書く数式がどんどん階を重ね、最後はなんと 4 階建ての巨大建築物になったのを見て、私は震えた。

$$t_{\mathrm{A}} = \frac{1}{2}\frac{\frac{1+\beta}{1-\beta}+1}{\sqrt{\frac{1+\beta}{1-\beta}}}t_{\mathrm{B}} \tag{2.17}$$

「ど、どうすんのコレ……」
「大丈夫です！　まずは分子だけ整理しましょう」

$$\frac{1+\beta}{1-\beta}+1 = \frac{(1+\beta)+(1-\beta)}{1-\beta} = \frac{2}{1-\beta} \tag{2.18}$$

うん、ちょっと落ち着いた。次に分母。

$$\frac{1}{\sqrt{\frac{1+\beta}{1-\beta}}} = \frac{1}{\frac{\sqrt{1+\beta}}{\sqrt{1-\beta}}} = \frac{\sqrt{1-\beta}}{\sqrt{1+\beta}} \tag{2.19}$$

2 番目から 3 番目への変形が謎だったが、分母と分子をそれぞれ $\sqrt{1-\beta}$ 倍したそうだ。では、この分子（2.18）と分母（2.19）を 4 階建ての（2.17）に戻しますね。

$$t_{\mathrm{A}} = \frac{1}{2}\frac{2}{1-\beta}\frac{\sqrt{1-\beta}}{\sqrt{1+\beta}}t_{\mathrm{B}} = \frac{1}{\sqrt{1-\beta}^2}\frac{\sqrt{1-\beta}}{\sqrt{1+\beta}}t_{\mathrm{B}} \tag{2.20}$$

2 番目から 3 番目の変形は、約分するためにわざわざ分母の $1-\beta$ をルートに入れて 2 乗するという荒業（？）を使っている。ここまで来たら、最終形まではあとひと息だ。

$$t_{\mathrm{A}}=\frac{1}{\sqrt{1-\beta}^{2}}\frac{\sqrt{1-\beta}}{\sqrt{1+\beta}}t_{\mathrm{B}}=\frac{1}{\sqrt{1-\beta}\sqrt{1+\beta}}t_{\mathrm{B}}\quad(2.21)$$

t_{B} の係数がだんだん整理されてきたよー。そして……。

$$t_{\mathrm{A}}=\frac{1}{\sqrt{(1-\beta)(1+\beta)}}t_{\mathrm{B}}=\frac{1}{\sqrt{1-\beta^{2}}}t_{\mathrm{B}}\quad(2.22)$$

この最終形の中に、γ がある。t_{B} の係数だ。つまり、$\frac{t_{\mathrm{A}}}{t_{\mathrm{B}}}$（A の時間と B の時間の比）が γ なのである。次の式の横 3 本線は「そう定義しますよ」という記号だそうです。

$$\gamma\equiv\frac{1}{\sqrt{1-\beta^{2}}}\quad(2.23)$$

ここで、β が $\frac{v}{c}$ であることを思い出そう。それを β のところに入れれば、γ はこうも書ける。

$$\gamma \equiv \frac{1}{\sqrt{1-\frac{v^2}{c^2}}} \tag{2.24}$$

こう書くと、時間の延び具合をイメージしやすい。光速 c はとんでもなく大きな数だから、v がよほど大きくなければ、分母は「ほとんど 1」のままだ（腸内細菌を 1000 匹ぐらい取り出しても体重が変わらないようなものだ）。分母がほとんど 1 なら、γ もほとんど 1。慣性系 S にいる A から B が遠ざかる（あるいは近づく）とき、徒歩や電車や F1 マシンなどで移動するかぎり、お互いに時間の延びは観測しない。ニュートン力学で近似的に扱えるわけだ。

しかし v がとてつもなく大きくなって光速 c に近づくと、分母が 1 より小さくなるから、γ は 1 より明らかに大きくなる。そうなると無視できない。A にとって、B が光を発する時間は、自分が受け取る時間よりもはるかに長くなる。

そういう時間の延びは、日常生活ではまず経験できない。だが、じつはわれわれの身近なところにも、光速に近い速度ですっ飛んでいるものがある。たとえば、宇宙線に含まれるミューオンという粒子がそうだ。大気圏で陽子が π 中間子などに壊れ、その π 中間子が壊れてミューオンが発生するのだが、その速度はおおむね光速の 99.5 %。なかには光速の 99.995 %に達するものもあるという。

一方、ミューオンには「寿命が短い」という特徴もある。生まれてからわずか 50 万分の 1 秒で消えてしまうのだ。だから、それだけの速度をもってしても、本来ならそんなに長くは飛べない。仮に光速と同じ秒速 30 万キロメートルで飛んだとしても、600 メートルしか命が続かない計算になる。

でも、それでは地表までミューオンが届くはずがない。ミューオンが生まれるのは、地上 20 キロメートルあたりだ。600 メートルしか飛べないのでは、はるか上空で消えてしまうはず。ところが、ミューオンは現実に地表まで届いている。それはなぜかといえば、特殊相対性理論の効果によって時間が延びている——つまり「寿命」が延びるからだ。

その寿命がどれくらい延びるのか計算してみよう。速度が光速の 99.5 %なら、「$\beta = 0.995$」とすればよい。電卓を叩くと、0.995 の 2 乗は約 0.99 だ。したがって概算ではこうなる。

$$\gamma = \frac{1}{\sqrt{1 - 0.995^2}} = \frac{1}{\sqrt{0.01}} = \frac{1}{0.1} = 10 \qquad (2.25)$$

時間の延びは、およそ 10 倍だ。本来なら 600 メートルしか飛べないミューオンが、6 キロメートルも飛べることになる。地上 20 キロメートルだとこれでも届かないが、光速の 99.995 %なら γ は 100 程度になる。したがって、地表まで楽勝で届くミューオンも大量に存在するのだ。

ミューオンが地表に届くことにも感動するが、私がいま何よりも感動しているのは、自分が「特殊相対性理論の計算をした」という事実である。私は、もう、速度さえわかれば、その物体の時間の延びを計算できるのだ！

2-9
ああ美しきローレンツ変換

しかし、これで特殊相対性理論の勉強が終わるわけではない。アインシュタインは、力学も電磁気学も含めた「すべての物理法則」が異なる慣性系で同じになるという形で相対性原理を拡張した。それが特殊相対性原理だ。でも、「原理を拡張しました」と言い放つだけで片づく話ではない。新たな原理ではもうガリレイ変換が使えないのだから、座標変換のやり方も拡張する必要がある。それがローレンツ変換だ。

では、どんな変換なのかを次の時空図を使って調べよう（図2-8）。例によって慣性系 S と慣性系 S' の相対速度は v だ。

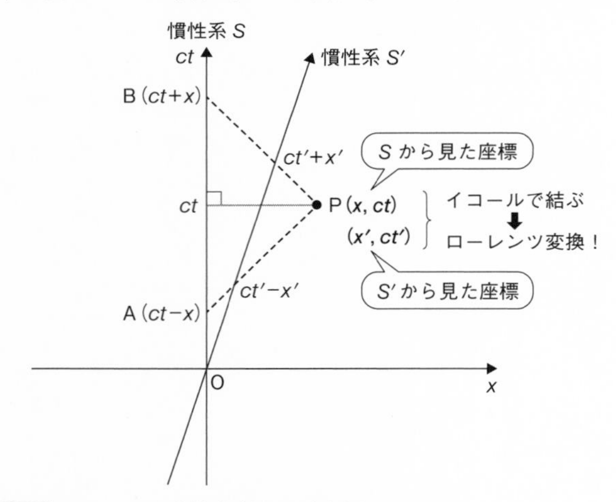

図 2-8 ローレンツ変換を考える時空図
（杉山直『講談社基礎物理学シリーズ 9 相対性理論』を改変）

A から P に光を飛ばした場合、P の座標（つまり見え方）は、S と S' とで異なる。S では (x, ct)、S' では (x', ct') になるとしよう（これ以降、時間は小文字 t に戻します）。この 2 つの座標をイコールで結ぶのがローレンツ変換だそうです。

グラフを見ると、光の出発点である A が「$ct - x$」となっている。これはどういうことか。指で懸命にグラフをなぞりながら教わりました。

S 座標で P は (x, ct) だから、P から縦軸に引いた垂線の交点は当然 ct である。で、これも当然ながら、ct から P までの長さは x だ。そして、**光の軌跡は 45 度なので、$\overline{\mathbf{AP}}$ を底辺、$\boldsymbol{ct}$ を頂点とする三角形は、直角二等辺三角形。**したがって、ct から A までの長さは x である。ゆえに、原点 O から A までの長さは $ct - x$ ですよね。

次に、P から B に向かって光を飛ばしたと思いましょう。三角形 ABP は、P を頂点とする二等辺三角形で、縦軸上の ct は底辺 $\overline{\mathrm{AB}}$ の中点である。したがって、原点 O から B までの長さは「$ct + x$」だ。

一方、慣性系 S' の縦軸ではそれぞれどうなっているか。図 2-8 のように、光の出発点は「$ct' - x'$」、P から光を受ける点は「$ct' + x'$」となる。同じ光が同時には観測されず、時間幅のズレはどちらから見ても k 倍なので、次の関係が成り立つ。

$$ct' - x' = k(ct - x) \tag{2.26}$$

$$ct + x = k(ct' + x') \tag{2.27}$$

でも、これではまだ座標変換の式にならない。この関係を、最終的にはガリレイ変換のように「$x' =$」「$ct' =$」の形にする必要がある（ガリレイ変換も、「$x' = x - vt$」のほかに「$t' = t$」という式が本当はあるのです）。

そこでまず、(2.26) を「$t' =$」の形にしよう。$-x'$ を移項して両辺を c で割るとこうなる。

$$t' = \frac{k(ct - x) + x'}{c}$$

これを (2.27) の右辺に代入して変形したらこうなった。

$$x' = \frac{1}{2k}\left\{(1-k^2)ct + x(1+k^2)\right\} = \frac{1+k^2}{2k}x + \frac{1-k^2}{2k}ct \tag{2.28}$$

いつまでも k を k のままにはしておけない。$k = \sqrt{\frac{1+\beta}{1-\beta}}$ だから、$k^2 = \frac{1+\beta}{1-\beta}$ である。これを (2.28) の分子に代入だ！

$$1 + k^2 = 1 + \frac{1+\beta}{1-\beta} = \frac{1-\beta+1+\beta}{1-\beta} = \frac{2}{1-\beta} \tag{2.29}$$

$$1 - k^2 = 1 - \frac{1+\beta}{1-\beta} = \frac{1-\beta-1-\beta}{1-\beta} = \frac{-2\beta}{1-\beta} \tag{2.30}$$

いや〜、よく頑張った。だが、ひと息ついている場合ではない。しょーた君はこの部品を本体の (2.28) に戻して、ガンガン変形していった。ついて行かねば。

$$x' = \frac{1}{k}\frac{1}{1-\beta}x - \frac{1}{k}\frac{1}{1-\beta}\beta ct = \frac{1}{k}\frac{1}{1-\beta}(x - \beta ct) \tag{2.31}$$

これの $(x - \beta ct)$ をいったん脇に置いて、左半分だけ計算する。k に $\sqrt{\frac{1+\beta}{1-\beta}}$ を代入すると、$\frac{1}{k} = \sqrt{\frac{1-\beta}{1+\beta}}$ だから、

$$\begin{aligned}\frac{1}{k}\frac{1}{1-\beta} &= \frac{\sqrt{1-\beta}}{\sqrt{1+\beta}}\frac{1}{1-\beta} = \frac{\sqrt{1-\beta}}{\sqrt{1+\beta}}\frac{1}{\sqrt{1-\beta}^2} \\ &= \frac{1}{\sqrt{1+\beta}}\frac{1}{\sqrt{1-\beta}}\end{aligned} \tag{2.32}$$

嗚呼、なんと華麗な式変形だろうか。ジネディーヌ・ジダンが得意のルーレットで相手を抜き去ってから味方にラストパス

を出すプレイのようだ。ジダンを知らない人は、この比喩について考え込まなくていいです。そんなことに頭を使っている場合ではない。ではシュートを放つぞ。

$$= \frac{1}{\sqrt{(1+\beta)(1-\beta)}} = \frac{1}{\sqrt{1-\beta^2}} = \gamma \tag{2.33}$$

思わず「オーレ！」と叫びたくなる。そう。(2.31) の $\frac{1}{k}\frac{1}{1-\beta}(x-\beta ct)$ の $(x-\beta ct)$ にかかっていた係数は、われわれのあいだでは有名な、あの、γ (2.23) だったのである！

では、その γ を (2.31) に戻してあげよう。

$$x' = \gamma(x - \beta ct) \tag{2.34}$$

で、$\beta = \frac{v}{c}$ だから、c が約分されて v が残り……

$$x' = \gamma(x - vt) \tag{2.35}$$

ガリレイ変換の式と見比べてみてほしい。「$x' = x - vt$」の右辺に γ をかけただけのシンプルで美しい佇(たたず)まい。これがローレンツ変換なのだ！　……と、功を焦ってはいけない。最終的には「$x' =$」「$ct' =$」の形にするのが目標だ。「$x' =$」は片づいたので、次は「$ct' =$」。ここで、話は振り出しに戻る。

$$ct' - x' = k(ct - x) \tag{2.26}$$

$$ct + x = k(ct' + x') \tag{2.27}$$

さっきは上の式を「$t' =$」の形にして下の式に代入した。こんどは、上を「$x' =$」の形にして下に代入する。面倒くさいって言うな！（自分への忠告）

まず上を $x' = ct' - k(ct - x)$ に変形して下に代入。

$$ct + x = 2kct' - k^2(ct - x) \tag{2.36}$$

これを「$ct' =$」の形にして変形していくと、やがて次のような式になります（ちょっと手抜き）。

$$ct' = \frac{1-k^2}{2k}x + \frac{1+k^2}{2k}ct \tag{2.37}$$

同じ手順なのだから当然だが、「$x' =$」の形にしたときの (2.28) とそっくりだ。だから前回の (2.29) と (2.30) がそのまま使える。それを (2.37) に代入しますよ。

$$\begin{aligned} ct' &= \frac{1}{2k}\frac{-2\beta}{1-\beta}x + \frac{1}{2k}\frac{2}{1-\beta}ct \\ &= -\frac{1}{k}\frac{1}{1-\beta}\beta x + \frac{1}{k}\frac{1}{1-\beta}ct = \frac{1}{k}\frac{1}{1-\beta}(-\beta x + ct) \end{aligned} \tag{2.38}$$

はい、出ました (2.31) と同じ形。前に戻って (2.31)〜(2.33) の流れをリプレイしてみれば、また「オーレ！」と叫びたくなるだろう。そう。$(-\beta x + ct)$ の係数は「γ」である。したがって、最終形はこれ。

$$ct' = \gamma(-\beta x + ct) \tag{2.39}$$

ふう。われわれはついにローレンツ変換を征服した。前の「$x' =$」も β を使って書くと、ローレンツ変換の全体像はこうだ。どうだ参ったか。私はけっこうウットリしてるぞ。

$$x' = \gamma(x - \beta ct) \quad (2.34)$$

$$ct' = \gamma(-\beta x + ct) \quad (2.39)$$

私がエンピツを机上に放り出して恍惚(こうこつ)感に浸っていると、しょーた君がこんな式を板書した。

$$\begin{pmatrix} x' \\ ct' \end{pmatrix} = \begin{pmatrix} \gamma & -\gamma\beta \\ -\gamma\beta & \gamma \end{pmatrix} \begin{pmatrix} x \\ ct \end{pmatrix} \tag{2.40}$$

「ローレンツ変換の式を行列で書くと、こうなります」
「おおおお！」

この対称的な美しさはどうだ。右端の座標が、γ と β が織りなす行列によって、左端の座標に変換される。その鮮やかさに、私は息を呑んだのだった。

第3章
距離と時間と不変間隔

3-1
「光速度一定」なら時間は延びて距離は縮む

ここまでの話で、あなたは何かモヤモヤを感じなかっただろうか。私は、感じた。もしかしたら読者よりも著者のほうがモヤモヤしがちなのが、本書のユニークなところだ。それは「ミューオンの寿命」について説明した部分である。光速に近い速度で飛ぶミューオンは時間が延びるので崩壊せずに地表まで到達できる、という話だ。

ミューオンの時間（寿命）が延びるのは「地上で観測している人間にとって」の話である。慣性系 S に対して慣性系 S' が速度 v で等速直線運動をしていると、慣性系 S は慣性系 S' の時間が延びているように観測するわけだ。それは、まあ、わかる。でも、慣性系 S' にとっては、自分の 1 秒は 1 秒だ。相対論効果はいわば「お互いさま」だから、慣性系 S'（ミューオン自身）から見れば慣性系 S（地球）が自分に対して光速の 99.5 %で動いており、したがって地球の時間が 10 倍に延びる。つまりミューオン自身にとっては、自分の寿命は延びていないのだ。まわりで見てる人たちが「まだ生きてる」と思ったからって、本人が寿命を迎えたらもう死んでるんじゃないの？

だが、実際にミューオンは地表まで到達している（つまり寿命が延びている）。ミューオン自身の時間は延びないのに、なぜ大気圏から地表まで生きたまま到達できるのか？

しかしよく考えてみたら、これはあたりまえだった。私と同じモヤモヤを抱えていた人は、あらためて〈速度 = 距離 ÷ 時間〉という公式を見よう。光速では合成則が成り立たず、左辺が一定だ。そこで右辺の時間が延びる（増える）ならば、距離も変化しないと帳尻が合わない。では、延びる時間に対して距離はどうなるのか？

正解は「縮む」である。慣性系 S と S' はお互いに相手の時間が延びるが、距離はお互いに縮むんですね。大気圏で誕生したミューオンから見ると、地球の時間が延びて距離が縮むように見えるわけだ。ミューオン自身の寿命は 50 万分の 1 秒のままだが、飛ぶ距離が縮むなら死ぬ前に地表に届く。そっかー。そりゃそうですよね。

計算は省略して結論だけ言うと、距離の縮み具合は時間の延びの逆数だ。慣性系 S から見た慣性系 S' の時間が γ 倍に延びるのに対して、慣性系 S から見た慣性系 S' の長さは $\frac{1}{\gamma}$ に縮む。これを「ローレンツ収縮」というそうです。ミューオンの速度が光速の 99.5 %だとすると、地球から観測したミューオンの寿命が 10 倍に延びることは前に計算した。つまり $\gamma = 10$

だ。ローレンツ収縮はその逆数になるから、ミューオンからは地球が10分の1（！）に縮んで見える。だから、ミューオン自身にとっての寿命は変わらなくても、余裕で地表まで到達できるのである。よかった、よかった。

3-2
時間や距離に代わる「不変な何か」とは

それはいいのだが、ローレンツ変換によって時間や距離が変わってしまうのは、じつは特殊相対性原理にとってちょっと困ったことでもあるらしい。

というのも、ガリレイ変換では、慣性系 S と S' の時間は不変である。それは、次の関係式の（イ）を見れば明らかだ。

$$x' = x - vt \quad (ア) \qquad t' = t \quad (イ)$$

では、距離はどうか。ある物体が、慣性系 S で x_1 から x_2 まで移動したとしよう。慣性系 S' では、同じ現象が x'_1 から x'_2 への移動として観測される。それぞれの移動距離は、S が $(x_2 - x_1)$、S' が $(x'_2 - x'_1)$ だ。この関係を（ア）に当てはめると、こうなる。

$$x'_1 = x_1 - vt \qquad x'_2 = x_2 - vt \tag{3.1}$$

その差を取る（右から左を引く）と

$$x'_2 - x'_1 = x_2 - x_1 \tag{3.2}$$

というわけで、ガリレイ変換では時間だけでなく距離も不変である。もし時間や距離がガリレイ変換で変わってしまったら、基準になるモノサシみたいなものがなくなってしまうので、運動法則 $F = ma$ も不変にはならない。ニュートン力学は、どの慣性系でも変わらない「絶対時間」「絶対空間」の存在を前提にしているために、時間と距離が不変に保たれ、ガリレオの相対性原理が成り立つのである。

ところが特殊相対性理論ではそれが通用しない。時間や空間は絶対的なものではなく、慣性系によって変わる相対的な物理量だ。ローレンツ変換によって、時間は γ 倍に延び、距離は $\frac{1}{\gamma}$ に縮む。だから、それに代わる不変量が必要だ。ローレンツ変換によって変わらない何らかの物理量がなければ、特殊相対性原理は成り立たない。それでは特殊相対性理論も砂上の楼閣になってしまうのだから、えらいこっちゃ！

「でも、もしそれがなかったら一般相対性理論も生まれないし、深川さんもこんな勉強してないですよね」

しょーた君が言う。そりゃあ、そうだ。では、ローレンツ変換で不変に保たれる物理量とは何か。教科書によると、その不変量は、**「延びる時間と縮む距離を混ぜたもの」**だ。ガリレイ変換では時間 t と距離（$x_2 - x_1$）が不変だったが、ローレンツ変換では、次の式で表される量が不変になるのだった。

$$(x_2 - x_1)^2 - c^2(t_2 - t_1)^2 \tag{3.3}$$

移動した空間的な距離（x）から移動にかかった時間（ct）を引くような形で、たしかに時間と距離を混ぜたように見える。t に c をかけて次元を揃えているので、形の上では「距離の変化の 2 乗」同士の引き算だが、ct はミンコフスキー時空図の縦軸だから、本質的には時間のことだ。時間と距離を混ぜた謎の物理量が意味を持つあたり、いかにも相対論の 4 次元時空の話のように感じられて、ちょっとコーフンする。

だけど、なぜこの不変量は時間と距離を 2 乗した形になるんだろう。それに、足し算やかけ算や割り算でも両者は混ざりそうな気がするが、この式は引き算だ。どういう意味？

「そのあたりはあとで勉強しますので、とりあえず、この式を天下りで受け入れましょう」

式 (3.3) は、慣性系 S における物体の様子を表したものだと思えばよいようだ。そこでは物体が x_1 から x_2 に移動し、時間は t_1 から t_2 まで進んだわけだ。これを慣性系 S' では、x'_1 から x'_2、t'_1 から t'_2 への変化として観測した。この両者の関係が、ローレンツ変換の結果、

$$(x'_2 - x'_1)^2 - c^2(t'_2 - t'_1)^2 = (x_2 - x_1)^2 - c^2(t_2 - t_1)^2 \quad (3.4)$$

となれば、これが不変量だといえるわけだ。ふむふむ……で、私はどうすれば？

「前に、$F = ma$ がガリレイ変換に対して不変であることを

たしかめましたよね？　基本的な手順はあれと同じです」

ああ、そういうことか。あのときは、まず慣性系 S の加速度 a を定義し、次に慣性系 S' の加速度 a' を定義して、その a' をガリレイ変換の式を使って書き換え、a と a' が同じになることを確認した。だから今回も同様に、まず慣性系 S の座標を定義し (i)、次に慣性系 S' の座標を定義して (ii)、その S' の座標をローレンツ変換の式で書き換え (iii)、その結果、(i) と (iii) が同じになることを確認するという流れだ。

すでに (i) と (ii) は示されている。式 (3.4) の右辺が慣性系 S、左辺が慣性系 S' の座標だ。では、(iii) を実行しよう。左辺にローレンツ変換の式を入れてみるのだ。ここで使う式は、$x' = \gamma(x - vt)$ と、$ct' = \gamma(ct - \frac{v}{c}x)$。2 番目の式は両辺を c で割って、$t' = \gamma(t - \frac{v}{c^2}x)$ という形にする。まず $(x'_2 - x'_1)$ と $(t'_2 - t'_1)$ を取り出し、各要素をローレンツ変換して計算すると、それぞれこうなる。

$$
\begin{aligned}
&x'_2 = \gamma(x_2 - vt_2) \qquad x'_1 = \gamma(x_1 - vt_1)\\
&x'_2 - x'_1 = \gamma\{(x_2 - x_1) - v(t_2 - t_1)\}
\end{aligned}
\tag{3.5}
$$

$$
\begin{aligned}
&t'_2 = \gamma\Big(t_2 - \frac{v}{c^2}x_2\Big) \qquad t'_1 = \gamma\Big(t_1 - \frac{v}{c^2}x_1\Big)\\
&t'_2 - t'_1 = \gamma\Big\{(t_2 - t_1) - \frac{v}{c^2}(x_2 - x_1)\Big\}
\end{aligned}
\tag{3.6}
$$

で、元の式 (3.4) を振り返ると、(3.5) と (3.6) の右辺を 2 乗しなければいけないことに気づくのだった。ボーゼンとする私にしょーた君が教えてくれたのが、次の公式だ。

$$
(a - b)^2 = a^2 - 2ab + b^2 \tag{3.7}
$$

中学生時代にさんざん使った因数分解の公式である。いやはや懐かしい。五十路を迎えてからキミに再会するとは思わなかったよ。元気そうじゃないか。

たとえば (3.5) の場合、中カッコ内の $(x_2 - x_1)$ と $(t_2 - t_1)$ をそれぞれ a, b に置き換えればよいのだろう。高校で理数系科目から完全に脱落したものの、中学では数学で 5 をもらったこともある私が公式を使って一生懸命に (3.5) と (3.6) の中カッコを 2 乗した結果が次の式だ（とりあえず γ は脇に置いたので、あとで付け加えるのを忘れないように）。

$$\begin{aligned}&\{(x_2 - x_1) - v(t_2 - t_1)\}^2\\&= (x_2 - x_1)^2 - 2(x_2 - x_1)v(t_2 - t_1) + v^2(t_2 - t_1)^2\end{aligned} \tag{3.8}$$

$$\begin{aligned}&\left\{(t_2 - t_1) - \frac{v}{c^2}(x_2 - x_1)\right\}^2\\&= (t_2 - t_1)^2 - 2(t_2 - t_1)\frac{v}{c^2}(x_2 - x_1) + \frac{v^2}{c^4}(x_2 - x_1)^2\end{aligned} \tag{3.9}$$

これをそれぞれ整理し、(3.9) には元の式にあった c^2 をかけて書き直すと、こうなります。

$$(3.8) = \left(x_2 - x_1\right)^2 + v^2\left(t_2 - t_1\right)^2 - 2v\left(x_2 - x_1\right)\left(t_2 - t_1\right)$$

$$(3.9) = \frac{v^2}{c^2}\left(x_2 - x_1\right)^2 + c^2\left(t_2 - t_1\right)^2 - 2v\left(x_2 - x_1\right)\left(t_2 - t_1\right)$$

かなり整ってきたところで、上から下を引いてみよう。別々に計算していたものを、ここで統合するのである。

$$(3.8)-(3.9)=\left(1-\frac{v^2}{c^2}\right)(x_2-x_1)^2+\left(v^2-c^2\right)(t_2-t_1)^2 \tag{3.10}$$

何となく、(3.4) の右辺に近づいたような風情がある。だが、ここからどうすればよいのか。私がウーンと唸(うな)っていると、しょーた君は意表を突く大技を繰り出した。第2項のカッコ内にある $-c^2$ を、いきなり外に出したのである。
「な、何やってんのソレ……」
「あはは。乱暴な感じですよね。でも、これで第2項をくくると、第1項の左のカッコと同じ形になるんですよ」
「え、そうなの？」ポカンとしたが、やってみたら、本当にそうなった。まるで魔法のようだ。

$$\left(v^2-c^2\right)(t_2-t_1)^2=-c^2\left(1-\frac{v^2}{c^2}\right)(t_2-t_1)^2 \tag{3.11}$$

すごいすごい！　では、この (3.11) を (3.10) に代入して $(1-\frac{v^2}{c^2})$ でくくるぞ。

$$\left(1-\frac{v^2}{c^2}\right)\left\{(x_2-x_1)^2-c^2(t_2-t_1)^2\right\} \tag{3.12}$$

おおおお！　中カッコの中身を見てくれ！　見事に (3.4) の右辺と同じになってるじゃないか！

とはいえ、このままでは (3.4) は成り立たない。中カッコの左側にある係数に消えてもらう必要がある。

いったい、どうすればそんなことができるのか。ここで思い出さなきゃいけないのが、ずーっと脇に置いていた γ である。これを2乗して (3.12) にかけなければいかん。

しかし、ここまで式が整ってきたところで、急にそんなものを入れ込んで大丈夫なのか？　さんざん苦労してやってきた式変形の苦労が台無しになったりしないのか？
「心配しなくても大丈夫ですよー。とりあえず γ が何だったのか思い出して、2 乗してください。次に β が何だったかを思い出して代入しましょう」

$$\gamma = \frac{1}{\sqrt{1-\beta^2}} \quad \Rightarrow \quad \gamma^2 = \frac{1}{1-\beta^2}$$

$$\beta^2 = \frac{v^2}{c^2} \quad \Rightarrow \quad \gamma^2 = \frac{1}{1-\frac{v^2}{c^2}} \tag{3.13}$$

わあ、見て見て！　分母に（3.12）の係数が登場したよ！
したがって、（3.12）に γ の 2 乗をかけると、約分によって係数が消え去る（1 になる）のだった。いやっほーう。元の式からまとめて書きますね。

$$\begin{aligned}(x_2'-x_1')^2 - c^2(t_2'-t_1')^2 \\ &= \gamma^2\left(1-\frac{v^2}{c^2}\right)\left\{(x_2-x_1)^2 - c^2(t_2-t_1)^2\right\} \\ &= (x_2-x_1)^2 - c^2(t_2-t_1)^2 \end{aligned} \tag{3.14}$$

スッキリしたぜベイビー。ついに、これがローレンツ変換の不変量であることが証明できた。ガリレイ変換では時間と距離が不変だったのに対して、ローレンツ変換ではまさに「距離と時間が混ざったもの」が不変量になるのだ。

3-3
線形代数入門

ところで、いま判明したローレンツ変換の不変量は、どうしてこのような引き算の形になるのか。ここまでは天下りで「距離の差の2乗マイナス時間の差の2乗」という式を受け入れてきたが、その意味を理解するには、どうやら高校で習う（はずの）「ベクトル」の知識が必要になるようだ。中学の数学で5をもらっていてもダメ。この問題だけでなく、これ以降の勉強はベクトルの知識なしでは話にならないらしい。こうして数学のハードルが徐々に上がっていくのであろう。

さすがにベクトルの基本からしょーた君に教わるのも悪いので、独習のために入門書を探すと、『はじめての行列とベクトル』『なっとくする行列・ベクトル』『よくわかる行列・ベクトルの基本と仕組み』など、「行列」とセットになっているものが目につく。行列も相対性理論では欠かせないようなので、いつか勉強しなければいけないと思っていた。その行列がベクトルとワンセットなら、一石二鳥だ。

実際、ベクトルと行列はどちらも「線形代数」という数学のジャンルに含まれる概念だという。いかにもプロフェッショナルな佇まいの言葉だ。これから線形代数の世界に入るなんて、ちょっと夢心地である。カッコイイぞ私。

文系人間はしばしば「方向性が違う」の意味で「それとこれではベクトルが違う」などと言いがちだ。だが、ベクトルとは方向だけを意味する概念ではない。おもに大村平『改訂版　行列とベクトルのはなし　線形代数の基礎』（日科技連）で勉強したところによると、「大きさ」と「方向」を持つのがベクトルだ。しかも、必ず「矢印」で表されるわけでもない。$(12,79)$とか$(5,0,2)$など、2つ以上の数の組み合わせは、それだけですでにベクトルなのだ。

たとえば3という数字だけではベクトルにならない（大きさだけを持つ単独の数はスカラーという）。しかし$[3 \quad 5]$といった組み合わせになると、平面座標上に$x=3$, $y=5$となる点をプロットする（座標に点を記入する）ことによって、原点からある長さを持つ矢印を描くことができる。「大きさ」だけでなく「方向」という性質が生じるので、これはベクトルだ。スカラーにはそういう方向性がないので、ベクトルのほうがスカラーの上位概念である。

さらに、そのベクトルの上位概念になるのが「行列」だ。

たとえばA君が昼食のときに箸とフォークを使う回数が毎月それぞれ「箸10回、フォーク20回」、B君が「箸25回、フォーク5回」だとすると、それぞれ$(10,20)$、$(25,5)$というベクトルになる。その2つのベクトルをまとめて次のように書いたのが行列だ。

$$\begin{bmatrix} 10 & 20 \\ 25 & 5 \end{bmatrix}$$

これは、図3-1のようなものだと思えば飲み込みやすい。行列は「横＝行」、「縦＝列」だから、この場合は「行」がA君とB君のベクトル、「列」が箸とフォークのベクトルを表していることになる。

複数の数の組み合わせ（ベクトル）が単独の数（スカラー）の上位概念であるのと同じように、複数のベクトルの組み合わせである行列は、ベクトルの上位概念だ。とりあえず私はそん

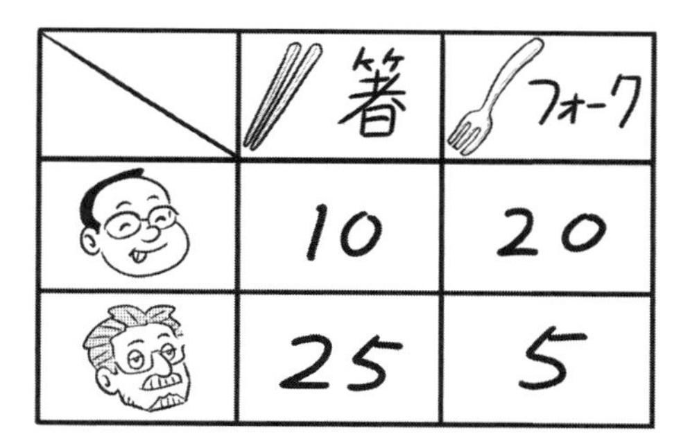

図3-1　箸を使う回数とフォークを使う回数の行列

な感じで理解した。はなはだ簡単ではございますが、線形代数入門はこれぐらいにして先に進みますね。

3-4
相対性理論に欠かせない概念「不変間隔」

話をローレンツ変換の不変量に戻そう。式（3.3）は、空間的な距離を x の変化だけで表していた。

$$\left(x_2 - x_1\right)^2 - c^2\left(t_2 - t_1\right)^2$$

これは空間の3次元（縦、横、高さ）を x に代表させた形である。しかし本来、3次元空間での移動は「x_1 から x_2」ではなく、(x_1, y_1, z_1) から (x_2, y_2, z_2) への移動だ。それぞれ3つの値を持つベクトルなので、この2点間の距離は「2つのベクトル間の距離」である。3次元だとやや取っつきにくいので、まず平面の2次元でその計算方法を考えよう（図3-2）。

求めるのは、P (x_1, y_1) と Q (x_2, y_2) の距離 D だ。これは、「ベクトルOPとベクトルOQの距離」を意味している。D（PQの長さ）は直角三角形PQRの斜辺だから、三平方の

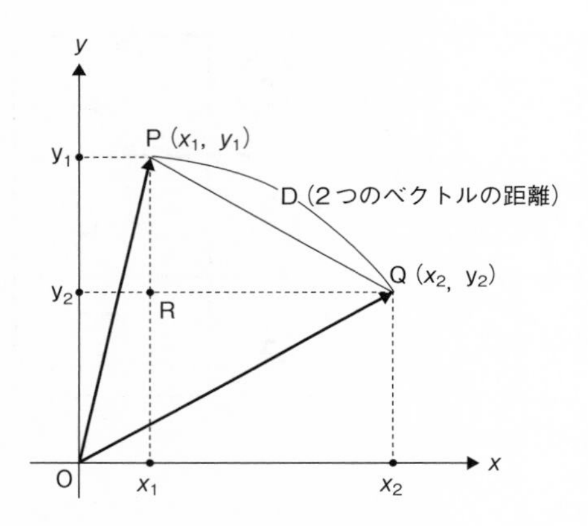

図 3-2 ベクトル OP とベクトル OQ の距離は？

定理を使って次のように書けることぐらいは、さすがに私でもすぐ理解できる。

$$\overline{\mathrm{PQ}}^2 = \overline{\mathrm{PR}}^2 + \overline{\mathrm{RQ}}^2$$

そして、図を見れば明らかなとおり、$\overline{\mathrm{PR}}$ は $y_1 - y_2$、$\overline{\mathrm{RQ}}$ は $x_2 - x_1$ だから、次のように書ける。

$$D^2 = \left(x_2 - x_1\right)^2 + \left(y_1 - y_2\right)^2$$

$$D = \sqrt{\left(x_2 - x_1\right)^2 + \left(y_2 - y_1\right)^2} \tag{3.15}$$

これが 2 次元平面でのベクトル間の距離だ。これを 3 次元空間に広げると、慣性系 S における点 P (x_1, y_1, z_1) から点 Q (x_2, y_2, z_2) までの距離 D はこうなる。

$$D = \sqrt{\left(x_2 - x_1\right)^2 + \left(y_2 - y_1\right)^2 + \left(z_2 - z_1\right)^2} \tag{3.16}$$

2次元でも3次元でも、ルート内は「カッコの2乗の足し算」だ。しかし4次元時空の（3.3）は「カッコの2乗の引き算」だった。どうやら、この「引き算」の理由を理解するには、PからQへの物体の移動が**「光速 c だったらどうなるか」**を考えてみるといいらしい。いかにも特殊相対性理論っぽいが、ここから先は独習では無理なので、しょーた君に聞いた。

「光速は有限、つまり届くのに時間がかかるから、PからQへ移動するあいだに時間は t_1 から t_2 に変化しています。速度 (c) ×時間（$t_1 - t_2$）＝距離 D だから、次の式が成り立ちますよね」

$$c^2(t_2 - t_1)^2 = (x_2 - x_1)^2 + (y_2 - y_1)^2 + (z_2 - z_1)^2$$

$$-c^2(t_2 - t_1)^2 + (x_2 - x_1)^2 + (y_2 - y_1)^2 + (z_2 - z_1)^2 = 0 \tag{3.17}$$

ここではルートを取るために、両辺を2乗している。1行目を移項して右辺を0にしたのが2行目だ。これと見比べてみたら（3.3）が距離から時間を引いた（つまり「時間」にマイナスがつく）形になることが飲み込めた。「距離の2乗の足し算」が「時間の2乗」と同じになるから、それを移項してまとめる（つまり時間と距離を混ぜる）と、「時空の距離」は引き算になるのだった。そういう形で混ざった時間と空間が不変量になるのが、ローレンツ変換の面白い特徴だ。

しかし、話はまだ終わらない。しょーた君が言った。

「次に、PからQへの移動を別の慣性系 S' で観測したときのことを考えてみましょう」

「え、なんでなんで？」

「相対論に欠かせないある概念を理解するためです」

うむ。そう言われたら、P から Q への移動を別の慣性系 S' で観測したときのことを黙って考えるしかない。

座標が異なるので、慣性系 S' における P は (x'_1, y'_1, z'_1)、Q は (x'_2, y'_2, z'_2)、時間は t'_1 から t'_2 に変化する。ただし移動速度は光速一定の原則にしたがうから、c にプライムはつかない。慣性系 S でも慣性系 S' でも同じ c だ。すると慣性系 S' で観測される距離はこうなる。

$$-c^2(t'_2 - t'_1)^2 + (x'_2 - x'_1)^2 + (y'_2 - y'_1)^2 + (z'_2 - z'_1)^2 = 0 \tag{3.18}$$

ご覧のとおり、**どちらの慣性系でも、P から Q への移動は 0 と観測される**わけだ。このように、2 点間を光速で移動したときにどちらの慣性系でも 0 となる量のことを「不変間隔」と呼ぶ。通常は s で表すが、そのままだと全体にルートがついて邪魔臭いので、式では s^2 にして扱うそうだ。

この「不変間隔」が、相対論には欠かせない概念なのだという。たしかに、光速一定の原則がなければ「どちらの慣性系でも 0」にはならないのだから、じつに相対論っぽい感じである。あらためて書くと、不変間隔の定義はこうだ。

$$s^2 \equiv -c^2(t_2 - t_1)^2 + (x_2 - x_1)^2 + (y_2 - y_1)^2 + (z_2 - z_1)^2 \tag{3.19}$$

もちろん、不変間隔 s はいつも 0 ではない。2 点間を光速より遅く移動したときでも、そこには（0 ではない）不変間隔がある。それがローレンツ変換に対して不変であることをたしかめたのが、(3.3) から (3.14) までの計算だったそうだ。そ、そうだったのか。そんなわけだから、不変間隔はどんな値であってもローレンツ変換に対して不変である。ガリレイ変換では時間と距離が不変量だったのに対して、ローレンツ変換では不変間隔が不変量なのだ！

3-5 偏微分との出会いに目を回す

次に、ひどく謎めいた計算に取り組んでみた。教科書によると、ここではまず、ローレンツ変換に対して不変に保たれる量（つまり不変間隔）が「微小量での関係として、保存することを示す」という。微小量ということは、不変間隔の微分について考えるのだろう。それがどの慣性系でも不変であることを示すと、何がどうなるというのだろうか。

さらに、「少し面倒な議論なので、以下の証明はあまり気にせず、不変間隔は慣性系によらず保存する、とだけ覚えてもらっておいてよい」とも書いてある。不変間隔はどんな値でもローレンツ変換に対して不変だから、当然、微小量でも慣性系によらず保存される（つまり、変わらない）だろう。それなのに、なぜわざわざ「面倒な議論」をするんだ？

でも、しょーた君によると「ボクもよくわからないんですが、微分は物理の基本なので、微小量を考えると何か面白いことが見えるのかもしれません。それに、ここの計算は一般相対性理論に向けた良いトレーニングになると思います」とのこと。ならば、教科書に「あまり気にするな」と言われても避けて通るわけにはいかないだろう。

それに、私はここまでの勉強を通じて、数式との格闘がだんだん心地よくなってきた。いわゆる「ランナーズハイ」と同じで、数式を書いていると脳内で快楽物質みたいなものが噴出するのかもしれない。ちょっとヤバい。

では、ミステリアスな計算を始めます。微小量とは「かぎりなくゼロに近い変化量」だから、不変間隔 s の微小量は ds と書けばよい。座標の成分 ct, x, y, z も、cdt, dx, dy, dz となる。調べたいのは、原点を一致させた 2 つの慣性系 S と S' の、ds^2 と ds'^2 の関係だ。それぞれ次の式で表される。

$$ds^2 = -c^2dt^2 + dx^2 + dy^2 + dz^2 \tag{3.20}$$

$$ds'^2 = -c^2dt'^2 + dx'^2 + dy'^2 + dz'^2 \tag{3.21}$$

この ds^2 と ds'^2 の関係を見ていく。ds^2 はもちろんローレンツ変換に対して不変なのだが、ここでは下の「dt', dx', dy', dz'」が、それぞれ上の「dt, dx, dy, dz」の 1 次関数で表されると仮定するそうだ。1 次関数とは、2 乗とか 3 乗とか「xy」みたいな形が出てこない「$y = ax + b$」のような関数のこと。グラフが直線になるので、1 次関数で結ばれることを「線形結合」という。そこまではわかるが、なぜ「dt', dx', dy', dz'」と「dt, dx, dy, dz」が線形結合だと仮定できるの？

それは、この変化がかぎりなくゼロに近い微小なものだからだそうだ。変化の幅が大きいとグラフが途中でどんな線を描くかわからないけど、なにしろ微小な変化はかぎりなくゼロに近い幅しかないから、グラフがぐにゃぐにゃ曲がったりはしない。ぐにゃぐにゃになれる幅があったら、それは微小量とは呼べないだろう。だから、直線的な 1 次関数だと考えてよろしい。だいたいそんな感じだと思います。なるほど、これが微小量に着目したからこその新たな展開のようだ。

　したがってここでは、「dt', dx', dy', dz'」がそれぞれ「$dx' = Adt + Bdx + Cdy + Ddz$」みたいな形（「$dt, dx, dy, dz$」の1次関数）で表される。で、この A〜D という係数が、ここでは次のような形になるんですってよ。

$$dx' = \frac{\partial x'}{\partial t}dt + \frac{\partial x'}{\partial x}dx + \frac{\partial x'}{\partial y}dy + \frac{\partial x'}{\partial z}dz \qquad (3.22)$$

　うっひゃー。出た出た！　思わず顔を背けたくなるやつ！　この「∂」ってグルグルしてるから、数式の記号のなかでもとりわけ目眩（めまい）を誘発しますよね。
「∂」は偏微分を意味する記号で、「デル」「パーシャル」などと読む。しょーた君は「デル派」なので、私も「でる」で変換できるよう単語登録した。「でるでデルが出る」わけだ。わはは。べつに笑ってごまかそうとしているわけではない。

　偏微分とは、複数の変数を持つ関数（多変数関数）の1つの変数だけに注目し、それ以外の変数を定数とみなして微分することだ。（字面は難解だが）多変数関数は珍しいものではない。たとえば長方形の面積 f は、縦 (x) × 横 (y) という2つの変数で決まる多変数関数 $f(x, y)$ だ。

　この $f(x, y)$ みたいな関数の表記も、慣れないと拒絶反応を起こしやすい。これは、ある変数を入力すると、それによって決まる何かが出力される箱のようなものだ。たとえば $y = 2x$ という箱の x に5を入力すると、$y = 10$ が出力されますよね。こういう関係があるとき、「y は x の関数である」という。それを式で表現すると、「$y = f(x)$」。したがって、さっきの多変数関数 $f(x, y)$ は、「x と y を入力すると出力されるもの」という意味になるわけです。

　その $f(x, y)$ を、x だけで微分したり y だけで微分したりするのが偏微分だ。$f(x,y)$ の値は、x だけがほんのちょっと変わっても、y だけがほんのちょっと変わっても、ほんのちょっと変わる。それぞれの「ほんのちょっとの変化」を（お久しぶりの lim を使って）式にすると、こんな具合になります。

$$\frac{\partial f}{\partial x} = \lim_{\Delta x \to 0} \frac{f(x+\Delta x, y) - f(x,y)}{\Delta x}$$
$$\frac{\partial f}{\partial y} = \lim_{\Delta y \to 0} \frac{f(x, y+\Delta y) - f(x,y)}{\Delta y} \tag{3.23}$$

上の左辺は「$f(x,y)$ を x で偏微分します」、下の左辺は「$f(x,y)$ を y で偏微分します」と言っている。だから右辺の lim では、上は Δx、下は Δy を「かぎりなく 0 に近づけるんだぜ」とおっしゃっているわけだ。

それに続く分数の分子を見ると、上は x がほんのちょっと増えたもの（$x+\Delta x$）から $f(x,y)$ を、下は y がほんのちょっと増えたもの（$y+\Delta y$）から $f(x,y)$ をそれぞれ差し引いたものになっている。これをそれぞれ Δx、Δy で割れば、それぞれの微小な変化量になるのだった。では $f(x,y)$ 全体の微分はどうなるかというと、次のような式になるそうです。左辺の df は「$f(x,y)$ 全体を微分します」という意味だ。

$$df = \frac{\partial f}{\partial x}dx + \frac{\partial f}{\partial y}dy \tag{3.24}$$

どうしてそうなるかというと……すまん、これは丁寧に説明していると遠回りしすぎて逆に道に迷ってしまうので、申し訳ないが割愛。ネット上にいろいろ説明が転がっているので、「全微分」でググってみてもいいヨ！（無責任）

ともかく、これを全微分と呼ぶ。偏微分（3.23）の左辺同士を単純に足すのではなく、それぞれに dx と dy をかけたものを足し合わせる形だ。変数が3つ (x, y, z) なら、これに $\frac{\partial f}{\partial z}dz$ の項が加わる。∂ と d の使い分けに注意しつつ、この形を一種の熟語として覚えてしまうことにしよう。

3-6
「Σ」で数式をおかたづけ♪

さて、私たちが調べたいのは、2つの慣性系における不変間隔 ds^2 と ds'^2 の関係だった。あらためて確認しておくと、次の（3.20）と（3.21）が等号で結ばれれば「不変間隔の微小量は慣性系によらず保存される」と言える。

$$ds^2 = -c^2dt^2 + dx^2 + dy^2 + dz^2 \quad (3.20)$$

$$ds'^2 = -c^2dt'^2 + dx'^2 + dy'^2 + dz'^2 \quad (3.21)$$

ここで突然、しょーた君から重大な発表があった。

「ここから座標の書き方が大きく変わります！」

いままでは時間座標を ct、空間座標を x, y, z で表してきたが、これを x に0〜3の番号をつけた形にするそうだ。

$$(ct, x, y, z) \Rightarrow (x_0, x_1, x_2, x_3)$$

そのほうが式を簡潔な形で書けるらしい。どう簡潔になるのか、見てみよう。まず、座標の書き方を上記のように変更すると（3.20）は次のようになる。

$$ds^2 = -dx_0^2 + dx_1^2 + dx_2^2 + dx_3^2 \quad (3.25)$$

「ぜんぜん簡潔になってないじゃんか！」と暴れたくなるが、話はここからだ。数式に慣れた人々は、こういう足し算を見たら「Σ（シグマ）を使って簡単に書きたい！」と願うらしい。それはもう、息子のとっちらかった部屋を見たお母さんが「ああ、かたづけたい！」と思うのと同じぐらいの強い願いだ。そこで「総和記号」として発明されたΣは、見た目は厳めしいものの、そんなに難しいことは言っていない。

$$\sum_{i=1}^{n} x_i = x_1 + x_2 + \cdots + x_n$$

「この式は x_i の総和ですよ。その i は 1 から n までですよ」という意味だ。なるほど、n が何千、何万、何億になろうがΣ一発で表現できるのだから簡潔である。

しかし（3.25）をΣで書こうと思ったら、ひとつ問題がある。もし dx_0^2 の係数がマイナスでなければ（3.25）はこう書けるのだが、

$$ds^2 = \sum_{i=0}^{3} dx_i^2$$

実際はマイナスがついているので総和を取れない。すべて足し算でなければ、Σは使えないのである。

でも、お母さんはかたづけを諦めない。Σを使うための妙手がある。dx_i^2 の前に、$A_i = (-1, 1, 1, 1)$ という行列を投入するというのだ。きゅ、急に行列ってなんだよ！　母ちゃん、そんなことしていいのか!?

$$ds^2 = \sum_{i=0}^{3} A_i dx_i^2 \tag{3.26}$$

i は 0〜3 なので、A_i の成分は $A_0 = -1, A_1 = 1, A_2 = 1,$

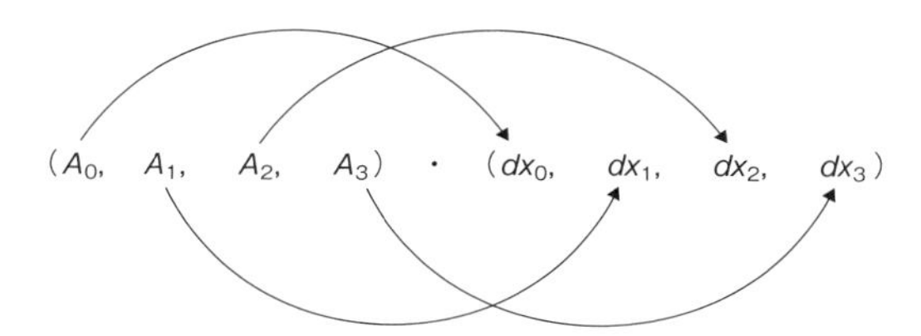

図 3-3 添え字が同じものをかけて足し合わせる

$A_3 = 1$、dx_i も 0〜3 の成分を持つ行列なので、Σ の右側は (A_0, A_1, A_2, A_3) と (dx_0, dx_1, dx_2, dx_3) のそれぞれ 2 乗のかけ算だ。その計算のルールはこうです（図 3-3）。添え字が同じもの同士をかけて足し合わせるのだ。

したがって（3.25）に A_i を投入すると、こうなる。

$$ds^2 = A_0 dx_0^2 + A_1 dx_1^2 + A_2 dx_2^2 + A_3 dx_3^2 \tag{3.27}$$

A_0 は -1、dx_0^2 もマイナスなので、マイナス×マイナスでプラス。見事に全体が足し算だけになるではありませんか。だから（3.26）のように Σ を使って書けるのだった。なるほど、ちょっとした工夫で式は整理整頓できるのだ。ちらかったものをコンパクトに収納する「おばあちゃんの知恵袋」みたいなありがたみがある。

3-7
どこへ行くんだこの計算は!?

これで、ds^2 の形は整理できた。次に、ds'^2 を考える。「dt', dx', dy', dz'」と「dt, dx, dy, dz」が線形結合だと仮定すると、ds' の一部である dx' はこう書ける。

$$dx' = \frac{\partial x'}{\partial t} dt + \frac{\partial x'}{\partial x} dx + \frac{\partial x'}{\partial y} dy + \frac{\partial x'}{\partial z} dz$$

座標の書き方を (ct, x, y, z) から (x_0, x_1, x_2, x_3) に変えると、こうなりますよね。

$$dx'_1 = \frac{\partial x'_1}{\partial x_0}dx_0 + \frac{\partial x'_1}{\partial x_1}dx_1 + \frac{\partial x'_1}{\partial x_2}dx_2 + \frac{\partial x'_1}{\partial x_3}dx_3 \quad (3.28)$$

(3.21) で見た ds'^2 の座標を (x_0, x_1, x_2, x_3) に置き換えると、ds'^2 全体はこういう姿をしている。

$$\begin{aligned} ds'^2 &= -c^2dt'^2 + dx'^2 + dy'^2 + dz'^2 \\ &= -dx'^2_0 + dx'^2_1 + dx'^2_2 + dx'^2_3 \end{aligned} \quad (3.29)$$

さっきの (3.28) は、これの第 2 項 (dx'_1) だけを取り出したものだ。したがって ds'^2 全体には、(3.28) を含めて次の 4 つの要素が含まれていることになる。

$$
\begin{aligned}
dx'_0 &= \frac{\partial x'_0}{\partial x_0}dx_0 + \frac{\partial x'_0}{\partial x_1}dx_1 + \frac{\partial x'_0}{\partial x_2}dx_2 + \frac{\partial x'_0}{\partial x_3}dx_3 \\
dx'_1 &= \frac{\partial x'_1}{\partial x_0}dx_0 + \frac{\partial x'_1}{\partial x_1}dx_1 + \frac{\partial x'_1}{\partial x_2}dx_2 + \frac{\partial x'_1}{\partial x_3}dx_3 \\
dx'_2 &= \frac{\partial x'_2}{\partial x_0}dx_0 + \frac{\partial x'_2}{\partial x_1}dx_1 + \frac{\partial x'_2}{\partial x_2}dx_2 + \frac{\partial x'_2}{\partial x_3}dx_3 \\
dx'_3 &= \frac{\partial x'_3}{\partial x_0}dx_0 + \frac{\partial x'_3}{\partial x_1}dx_1 + \frac{\partial x'_3}{\partial x_2}dx_2 + \frac{\partial x'_3}{\partial x_3}dx_3
\end{aligned}
\tag{3.30}
$$

なぜかタタミイワシを連想してしまいました。顔を背けず、勇気を持って向かい合おう。∂ 記号に惑わされずに x と x' の添え字（0〜3）だけに注目してじっくりと全体を見渡せば、きわめて整然とした式であることがわかる。ちなみに、これを行列で書くとこうだ。

$$
\begin{pmatrix} dx'_0 \\ dx'_1 \\ dx'_2 \\ dx'_3 \end{pmatrix}
=
\begin{pmatrix}
\frac{\partial x'_0}{\partial x_0} & \frac{\partial x'_0}{\partial x_1} & \frac{\partial x'_0}{\partial x_2} & \frac{\partial x'_0}{\partial x_3} \\
\frac{\partial x'_1}{\partial x_0} & \frac{\partial x'_1}{\partial x_1} & \frac{\partial x'_1}{\partial x_2} & \frac{\partial x'_1}{\partial x_3} \\
\frac{\partial x'_2}{\partial x_0} & \frac{\partial x'_2}{\partial x_1} & \frac{\partial x'_2}{\partial x_2} & \frac{\partial x'_2}{\partial x_3} \\
\frac{\partial x'_3}{\partial x_0} & \frac{\partial x'_3}{\partial x_1} & \frac{\partial x'_3}{\partial x_2} & \frac{\partial x'_3}{\partial x_3}
\end{pmatrix}
\begin{pmatrix} dx_0 \\ dx_1 \\ dx_2 \\ dx_3 \end{pmatrix}
$$

ここで、(x'_0, x'_1, x'_2, x'_3) を x'_j（j=0,1,2,3）とすると、dx'_0 〜dx'_3 の各成分は次のように書ける。Σ の収納力はすごいぞ。

$$
dx'_j = \sum_{i=0}^{3} \frac{\partial x'_j}{\partial x_i} dx_i \tag{3.31}
$$

x' の添え字は j、x の添え字は前と同じく i にして区別している。その i と j それぞれに 0〜3 を当てはめていちいち足し算の式を書いていくと、(3.30) の総和になるのだった。

さて、(3.26) と同じように ds'^2 は次のようになる ($ds^2 \to ds'^2, dx_i^2 \to dx_i'^2$ に置き換えた)。

$$ds'^2 = \sum_{i=0}^{3} A_i dx_i'^2 \tag{3.32}$$

この計算が謎めいていくのは、ここからだ。慣性系 S と S' がローレンツ変換で結ばれているとすると、ds'^2 は次のように Σ が 2 つ並ぶ形で表せるらしい。

$$ds'^2 = \sum_{i=0}^{3} \sum_{j=0}^{3} M_{ij} dx_i dx_j \tag{3.33}$$

な、何でしょうかこの M_{ij} という行列は……。どうやら i と j を入れ替えて M_{ji} としても同じになる対称行列らしいが、どうしてこうなるのかが、私にはさっぱりわかりませんでした！

だが、それはそういうものだと受け入れて、先へ進もう。じつはここからが本番だ。

不変間隔 ds^2 と ds'^2 の関係を知るために、この M_{ij} という行列の正体を明らかにしたい。いちばん右の $dx_i dx_j$ (=ds^2) に何か定数っぽい行列 (M_{ij}) をかけると、左辺の ds'^2 になりそうだ。

まず、M_{ij} という行列のイメージをつかむために、M_{ij} と $dx_i dx_j$ のかけ算を行列で書いてみる。添え字の i と j にそれぞれ 0〜3 の値を入れて全部書いてしまうのだ。

$$ds'^2 = \begin{pmatrix} M_{00} & M_{01} & M_{02} & M_{03} \\ M_{10} & M_{11} & M_{12} & M_{13} \\ M_{20} & M_{21} & M_{22} & M_{23} \\ M_{30} & M_{31} & M_{32} & M_{33} \end{pmatrix} \begin{pmatrix} dx_0 \\ dx_1 \\ dx_2 \\ dx_3 \end{pmatrix} \begin{pmatrix} dx_0 \\ dx_1 \\ dx_2 \\ dx_3 \end{pmatrix} \tag{3.34}$$

M_{00}～M_{33} の 16 個の成分が M_{ij} の正体だ。で、この計算をすべて書くと、(3.33) の中身はこんな感じ。

$$\sum_{i=0}^{3}\sum_{j=0}^{3} M_{ij}dx_i dx_j =$$

$$\begin{aligned} &M_{00}dx_0dx_0 + M_{01}dx_0dx_1 + M_{02}dx_0dx_2 + M_{03}dx_0dx_3 \\ &+ M_{10}dx_1dx_0 + M_{11}dx_1dx_1 + M_{12}dx_1dx_2 + M_{13}dx_1dx_3 \\ &+ M_{20}dx_2dx_0 + M_{21}dx_2dx_1 + M_{22}dx_2dx_2 + M_{23}dx_2dx_3 \\ &+ M_{30}dx_3dx_0 + M_{31}dx_3dx_1 + M_{32}dx_3dx_2 + M_{33}dx_3dx_3 \end{aligned} \tag{3.35}$$

物量に圧倒されるが、図 3-4 のような「i と j の対戦表」をイメージしたら、何をやっているのかわかりやすくなりました。

i \ j	0	1	2	3
0	$M_{00}\,dx_0\,dx_0$	$M_{01}\,dx_0\,dx_1$	$M_{02}\,dx_0\,dx_2$	$M_{03}\,dx_0\,dx_3$
1	$M_{10}\,dx_1\,dx_0$	$M_{11}\,dx_1\,dx_1$	$M_{12}\,dx_1\,dx_2$	$M_{13}\,dx_1\,dx_3$
2	$M_{20}\,dx_2\,dx_0$	$M_{21}\,dx_2\,dx_1$	$M_{22}\,dx_2\,dx_2$	$M_{23}\,dx_2\,dx_3$
3	$M_{30}\,dx_3\,dx_0$	$M_{31}\,dx_3\,dx_1$	$M_{32}\,dx_3\,dx_2$	$M_{33}\,dx_3\,dx_3$

図 3-4　i と j の対戦表

i \ j	0	1	2	3
0	$M_{00}\,dx_0\,dx_0$	$M_{01}\,dx_0\,dx_1$	$M_{02}\,dx_0\,dx_2$	$M_{03}\,dx_0\,dx_3$
1	$M_{10}\,dx_1\,dx_0$	$M_{11}\,dx_1\,dx_1$	$M_{12}\,dx_1\,dx_2$	$M_{13}\,dx_1\,dx_3$
2	$M_{20}\,dx_2\,dx_0$	$M_{21}\,dx_2\,dx_1$	$M_{22}\,dx_2\,dx_2$	$M_{23}\,dx_2\,dx_3$
3	$M_{30}\,dx_3\,dx_0$	$M_{31}\,dx_3\,dx_1$	$M_{32}\,dx_3\,dx_2$	$M_{33}\,dx_3\,dx_3$

A B B C

図 3-5 図 3-4 を時間と距離で区分けしたもの

次はこの式の中身を dx_0 を含むものと含まないものに分ける。dx_0 は ct、dx_1～dx_3 は x, y, z だから「時間」と「距離」に分けるわけだ。あと、dx の添え字がどちらも 0 の成分（いちばん左上）もちょっと特別扱いします。つまり、図 3-4 をこんなふうに区分けして考えるのである（図 3-5）。

M_{ij} 以外に注目すると、A は dx_0dx_0、B は dx_0dx_j と dx_idx_0、C は dx_idx_j（i と j は 1～3）だ。途中経過は端折るが、M_{ij} が対称行列であること、2 点間を光速で移動した場合は $ds^2 = ds'^2 = 0$ となることなどを踏まえつつ計算したら、(3.33) の式はこうなった（1 行目が A、2 行目が B、3 行目が C）。

$$
\begin{aligned}
ds'^2 = M_{00}\sum_{i=1}^{3} dx_i^2 \\
+ 2\sum_{i=1}^{3} M_{0i}\left(\sum_{j=1}^{3} dx_j^2\right)^{\frac{1}{2}} dx_i \\
+ \sum_{i=1}^{3}\sum_{j=1}^{3} M_{ij}dx_idx_j
\end{aligned}
\qquad (3.36)
$$

いやはや、すごい景色だ。1つの式に Σ が5つも並んでいる。わが人生の最多 Σ 記録更新である。

3-8 そして教科書は真っ黒になった

さて、M_{ij} の中身を知るために、ここからはその値に制限をつけて絞り込むという作戦を採るのだった。まず、式（3.36）は dx_i がどんな値でも必ず0でなければいけないとのこと。したがって、たとえば x_i の符号がマイナスでも成り立つはずだ。そこで（3.36）を見ると、第1項 (A) と第3項 (C) は dx が2乗の形なので、符号がプラスでもマイナスでも値は同じ。ところが第2項 (B) だけは、dx_i がプラスからマイナスに転じると項の値がプラスからマイナスに変わってしまう。それでは困るので、この項には消えてもらわねばならない。

これらの事情から、係数 M_{0i} は0という大胆な結論が得られる。M_{ij} は対称行列だから、これは「i か j のどちらかが0の成分」は値が0という意味だ。行列で書くと、M_{ij} を少し追い詰めた様子がわかる。

$$M_{ij} = \begin{pmatrix} M_{00} & 0 & 0 & 0 \\ 0 & M_{11} & M_{12} & M_{13} \\ 0 & M_{21} & M_{22} & M_{23} \\ 0 & M_{31} & M_{32} & M_{33} \end{pmatrix} \tag{3.37}$$

（3.36）の第2項がなくなったので、残った式はこれだ。

$$ds'^2 = M_{00} \sum_{i=1}^{3} dx_i^2 + \sum_{i=1}^{3} \sum_{j=1}^{3} M_{ij} dx_i dx_j \tag{3.38}$$

5つあったΣが3つに減った。では次に、$dx_1 = dx_2 = 0$ の場合を考えてみよう。x_i はどんな値でもOKなのだから、これでも式は成り立つはずだ。その場合、(3.38) の i と j に1と2を入れたものは0になるので、i と j に3を入れた次の式だけが残ることになる。で、dx_3^2 は0ではないので、式の値を0にするには、$M_{00} + M_{33} = 0$ でなければいけない。

$$
\begin{aligned}
ds'^2 = M_{00}dx_3^2 + M_{33}dx_3^2 = (M_{00} + M_{33})dx_3^2 = 0 \\
dx_3^2 \neq 0 \quad \text{だから} \quad M_{00} + M_{33} = 0 \\
\Rightarrow M_{00} = -M_{33}
\end{aligned}
\tag{3.39}
$$

同じことを、$dx_1 = dx_3 = 0$（つまり dx_2 だけが残るケース）、$dx_2 = dx_3 = 0$（つまり dx_1 だけが残るケース）でも考えていくと、最終的にはこうなります。

$$M_{00} = -M_{11} = -M_{22} = -M_{33} \tag{3.40}$$

ボンヤリとだが M_{ij} のシンプルな姿が見えてきた。これを踏まえると (3.38) はどうなるのか。まずは右辺の第2項の中身を見てみよう。

$$
\begin{aligned}
&\sum_{i=1}^{3}\sum_{j=1}^{3} M_{ij}dx_i dx_j = \\
&M_{11}dx_1^2 + M_{12}dx_1dx_2 + M_{13}dx_1dx_3 \\
&+ M_{21}dx_2dx_1 + M_{22}dx_2^2 + M_{23}dx_2dx_3 \\
&+ M_{31}dx_3dx_1 + M_{32}dx_3dx_2 + M_{33}dx_3^2
\end{aligned}
\tag{3.41}
$$

さっきの（3.40）を見ればわかるとおり、M_{11}, M_{22}, M_{33} はすべて $-M_{00}$ だから、その 3 つの和は次のように書ける。

$$\begin{aligned} &M_{11}dx_1^2 + M_{22}dx_2^2 + M_{33}dx_3^2 \\ &\quad = -M_{00}\left(dx_1^2 + dx_2^2 + dx_3^2\right) = -M_{00}\sum_{i=1}^{3} dx_i^2 \end{aligned} \tag{3.42}$$

一方、（3.41）から上の 3 つを除いた 6 つの和はこうだ。

$$\begin{aligned} &M_{12}dx_1dx_2 + M_{13}dx_1dx_3 \\ &\quad + M_{21}dx_2dx_1 + M_{23}dx_2dx_3 \\ &\quad + M_{31}dx_3dx_1 + M_{32}dx_3dx_2 \\ &= \sum_{i=1}^{3}\sum_{j\neq i}^{3} M_{ij}dx_idx_j \end{aligned} \tag{3.43}$$

（3.41）が（3.42）と（3.43）に分かれたわけですね。以上をまとめると（3.38）はこうなる。

$$\begin{aligned} ds'^2 &= M_{00}\sum_{i=1}^{3} dx_i^2 + \sum_{i=1}^{3}\sum_{j=1}^{3} M_{ij}dx_idx_j \\ &= M_{00}\sum_{i=1}^{3} dx_i^2 - M_{00}\sum_{i=1}^{3} dx_i^2 + \sum_{i=1}^{3}\sum_{j\neq i}^{3} M_{ij}dx_idx_j \\ &= \sum_{i=1}^{3}\sum_{j\neq i}^{3} M_{ij}dx_idx_j = 0 \end{aligned} \tag{3.44}$$

(3.42) が第 1 項にマイナスをつけた形になっているので、第 3 項だけが残るわけだ。$ds'^2 = 0$ なので、$i \neq j$ の場合に $M_{ij} = 0$ でなければいけないとこの式は言っている。つまり、M_{ij} のゾロ目ではない成分はすべて 0 なのだ。いいねー。

$$M_{ij} = \begin{pmatrix} M_{00} & 0 & 0 & 0 \\ 0 & -M_{00} & 0 & 0 \\ 0 & 0 & -M_{00} & 0 \\ 0 & 0 & 0 & -M_{00} \end{pmatrix} \tag{3.45}$$

4 つの対角成分は符号が異なるだけだから、**M_{00} さえわかれば全部わかる。** ここで、(3.45) を (3.34) にブチ込んで、ds'^2 がどう表せるかを見よう。

$$\begin{aligned} ds'^2 &= \begin{pmatrix} M_{00} & 0 & 0 & 0 \\ 0 & -M_{00} & 0 & 0 \\ 0 & 0 & -M_{00} & 0 \\ 0 & 0 & 0 & -M_{00} \end{pmatrix} \begin{pmatrix} dx_0 \\ dx_1 \\ dx_2 \\ dx_3 \end{pmatrix} \begin{pmatrix} dx_0 \\ dx_1 \\ dx_2 \\ dx_3 \end{pmatrix} \\ &= M_{00} dx_0^2 - M_{00} dx_1^2 - M_{00} dx_2^2 - M_{00} dx_3^2 \\ &= -M_{00}\left(-dx_0^2 + dx_1^2 + dx_2^2 + dx_3^2\right) \end{aligned} \tag{3.46}$$

最後に M_{00} ではなく $-M_{00}$ でくくったのは、カッコ内を ds^2 の形で表したいからだ。つまり、こうなる。

$$ds'^2 = -M_{00} ds^2 \tag{3.47}$$

では、M_{00} の値は何か。ここでしょーた君が言った。

「いまやっているのが数学ではなく物理学であることを思い出しましょう」

おお、たしかに忘れていた。これは抽象世界の話ではなく、M_{00} はわれわれの暮らす自然界に存在するものなのだ。

そこで、あらためて異なる慣性系のことを考えます。慣性系 S' が、慣性系 S に対して x 方向に速度 v で等速直線運動をしている。次に、その S' に対して x' 方向に速度 $-v$ で運動している慣性系 S'' があるとしよう。3つの慣性系の不変間隔 ds, ds', ds'' の関係を（3.47）に当てはめるとこうなる。

$$ds'^2 = -M_{00}ds^2, \quad ds''^2 = -M_{00}ds'^2, \quad ds''^2 = M_{00}^2 ds^2 \tag{3.48}$$

1番目を2番目の ds'^2 に代入すると3番目になるのである。ところで、S に対して速度 v で移動する S' に対して速度 $-v$ で（つまり反対方向に）運動する S'' は、S と同じだ。したがって、ds''^2 と ds^2 も同じ。ならば、(3.48) の3番目は、$M_{00}^2 = 1$ でなければ成り立たない。2乗して1になるのだから、M_{00} は1か -1 の二択である。さあ、どっちどっち。

数式だけで考えれば、「どっちでもええがな」という話である。絶対値が1なら、符号は関係ない。だが、これは物理だ。もし M_{00} が1だと、(3.47) はこうなってしまう。

$$ds'^2 = -ds^2 \tag{3.49}$$

しょーた君によると、これは物理的な因果関係が反転してしまうことを意味しているそうだ。そんな過去と未来を引っくり返す大革命を起こすわけにはいかないので、M_{00} は1じゃダメ。残る候補は「-1」だけだ。したがって、

$$
\begin{aligned}
ds'^2 &= -M_{00} ds^2 \\
&= ds^2
\end{aligned}
\tag{3.50}
$$

ふう、やっと終わった。教科書によれば、微小量のあいだにこの等式が成り立てば、「その積分として表される有限の不変間隔も慣性系によらず、等しくなる」そうです！

積分は微分の逆みたいなもので、簡単に言うと「細かく切り分けて足し合わせる」こと。つまり、この計算で微小量の不変間隔が保存されることが明らかになったので、微小量ではない不変間隔も保存されることがわかりました、という話だ。

えーっと……それって、前からわかってたことじゃないの？ M_{ij} という行列の導入も謎だったが、この計算最大のミステリーは、この結論部分だ。不変間隔がローレンツ変換で不変に保たれることを明らかにしたあとで、その微小量の関係性をさんざん計算した挙げ句、またぞろ「不変間隔は慣性系によらず保存される」というデジャブな結論に到達するのだ。またそれの微小量を考えて線形タタミイワシ結合からの M_{ij} 導入……と無限ループに陥ってしまいそうじゃないか。

なるほど、教科書が「面倒な議論」と書くだけのことはある。きっとそこには、何か深い意味があるにちがいない。しかし、それは（本書の〆切間際までしょーた君とウンウン唸りながら考えたのだが）残念ながら時間切れで解明できませんでした。これだけページを使って「わかりませんでした」というのも悔しいが、それもまた勉強だ。私の教科書でいちばん書き込みが多いのは、この部分である。判読不能なほど真っ黒になった。よき思い出と言ってもよい。

それに、Σの威力や偏微分や新しい座標の書き方などに馴染めたのは、この計算のおかげである。微小量を考えると線形結合やタタミイワシなどが出てくるのも面白かった。やはり微分は大事なので、よい子のみんなは五十路を迎える前に、しっかり勉強しておきましょう！

第4章
4元ベクトルと$E=mc^2$

4-1
アインシュタインが決めた「オレ様ルール」

特殊なくして一般なし。それはわかっている。だが正直なところ、特殊相対性理論の段階でこんなに数式と格闘させられるとは思わなんだ。不変間隔の計算はなかなか面白かったが、私がやりたかったのはコレジャナイ！　そろそろ本丸の一般相対論に進ませてほしいっす。

しかし、特殊相対性理論の話はまだ終わらないのだった。第1章でしょーた君が「出発前の準備」として提示したメニュー（30ページ）には、まだ済ませていないものがある。

「4元ベクトルと特殊相対論的運動論」

うへえ。字面だけで消耗度がアップしてしまう。だが、ウンザリ顔の私に、しょーた君はこんなことを囁(ささや)いた。

登山
準備

「これを勉強すると、$E = mc^2$ の導出もできるんですよ」

おお、そうだった！　特殊相対論と言えば $E = mc^2$ だ！「数式ナシ」を売り物にするポピュラーサイエンス本でも、$E = mc^2$ だけは出してよいとされていると聞く。誰がそんなことを決めたのかは知らないが、それぐらい有名だから、文系人間でも、この式が示す「エネルギーと質量は本質的に同じなのだ！」という重大な意味を知っている者は多い。だが、その式がどこからどう導かれるかを知る者は（たとえ理系でも）そう多くはあるまい。それを導出できるなら、オレはまだ頑張れるぜ。馴染みのない概念やルールが次々と登場するけど、$E = mc^2$ という名所まで、みんなも頑張ってついてきてネ！

では、まず「4元ベクトル」を学ぼう。大きさと方向を持つのがベクトルだが、ここではちょっと違う観点から考えるらしい。「変換性」とやらに着目して、ベクトルを定義するようだ。ナンノコッチャだが、しょーた君によると、変換性で定義することによって、ベクトルを図に描くことができなくても、それについて考えることができるようになるのだという。ふーん。そういうものなのか。

まずは4元ベクトルの前に、図4-1を見ながら、3次元ベクトルの「変換性」とやらを知っておこう。

ここで使うのは「座標回転」という変換だ。3次元空間に、毎度おなじみの点Pがある。これは (x, y, z) という座標で表される「3次元位置ベクトル」だ。

その座標を z 軸を中心に角度 θ だけ回転させ、回転後の座標を (x', y', z') とする（z 軸は紙に書けないので、紙面に対して垂直に原点Oからあなたに向かって飛び出していると思っ

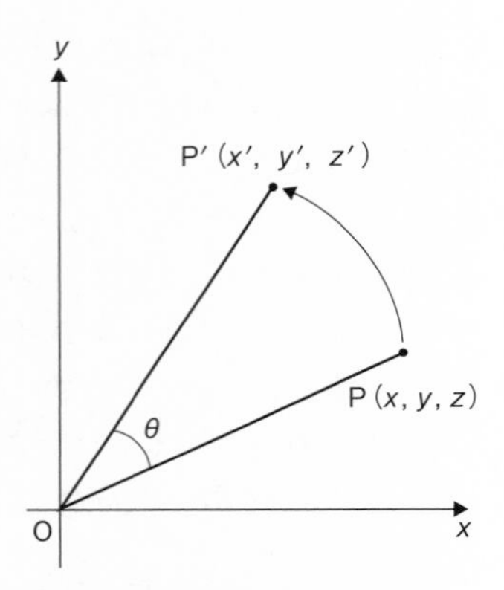

図 4-1 3次元ベクトルの変換性は「座標回転」

てほしい。目に刺さることはないから安心したまえ)。実際は「座標回転」の名のとおり、点Pを固定した状態で x 軸と y 軸を回転させているのだが、見かけは図のように点が移動したようになる。この座標変換では、(x, y, z) と (x', y', z') のあいだに次の関係があるそうだ。

$$x' = x\cos\theta + y\sin\theta$$
$$y' = -x\sin\theta + y\cos\theta$$
$$z' = z \tag{4.1}$$

前にやったガリレイ変換とはまったく違いますね。角度が関係するのでサインやコサインが出てくるのだった。また遠回りして三角関数の勉強か……とゲンナリしたが、しょーた君が「いまはサインコサインの意味がわからなくても大丈夫」と言うので安心した。ガリレイ変換では「$x' = x - vt$」「$t' = t$」だった変換式が、座標回転ではこれになるという形式だけ受け入れればオーケーのようだ。その変換式を行列で表すとこうなる。

$$\begin{pmatrix} x' \\ y' \\ z' \end{pmatrix} = \begin{pmatrix} \cos\theta & \sin\theta & 0 \\ -\sin\theta & \cos\theta & 0 \\ 0 & 0 & 1 \end{pmatrix} \begin{pmatrix} x \\ y \\ z \end{pmatrix} \tag{4.2}$$

前章で行列を開いたり閉じたりするトレーニングを積んだので、さほど難しい話ではない。ここで x, y, z を x^1, x^2, x^3 に変更し、右辺の変換行列の要素を a_{11} から a_{33} に書き換える（$\cos\theta$ を a_{11}、$\sin\theta$ を a_{12}、……のような記号で表す）と、(4.2) の行列は次の 3 つの式で書ける。

$$\begin{aligned} x'^1 &= a_{11}x^1 + a_{12}x^2 + a_{13}x^3 \\ x'^2 &= a_{21}x^1 + a_{22}x^2 + a_{23}x^3 \\ x'^3 &= a_{31}x^1 + a_{32}x^2 + a_{33}x^3 \end{aligned} \tag{4.3}$$

早くもサインコサインが姿を消したので、ひと安心だ。これの総和を Σ を使って書くと、こうなるそうです。

$$x'^i = \sum_{j=1}^{3} A^i_j x^j \tag{4.4}$$

……おや？　前にやった行列の式とはちょっと違う風情だ。a が大文字の A になっただけでなく、下付きだった添え字が、上付きと下付きになっている。しょーた君が言う。

「(4.3) の a とは添え字のつき方が違うので、区別するために大文字にしました。添え字の上付きと下付きは、ほかの意味を持つときもあるんですが、とりあえず、いまはアインシュタインの規約を使うためにやっていることだと思ってください」

タテガキの入門書には絶対に出てこないが、ヨコガキの解説書には必ず出てくるキーワードはいくつかある。「アインシュタインの規約」はその代表格だ。アインシュタインは、数式にいちいち Σ を書くのは煩雑で面倒だ（インクや紙も無駄だ）と考えたのだろう。あるとき、次のような「オレ様ルール」を決めたそうな。

「上付きの添え字と下付きの添え字が同じ記号で出てきたときは、座標の全成分について和を取るんだぜベイビー」

ちょっと何を言ってるのかよくわからないが、どういうことかはあとで説明する。あと、たぶん「ベイビー」とは言ってないと思います。ただ、Σ を書かずに済ますこの省略法が、自分にとって「数学における最大の発見」だと冗談半分に語ったのは間違いないようだ。

ではでは、アインシュタイン規約にしたがって（4.4）から Σ を取り去ろう。

$$x'^i = A^i_j x^j \tag{4.5}$$

こりゃあ、かたづけが楽だ。田舎の母ちゃんにも教えてあげたい。しかし Σ がないと、何から何まで総和を取るのかわからないじゃないか……という心配はご無用だ。じつはこの規約にはこんな約束事もあるのだった。

「i や j などアルファベットの添え字は 1〜3、μ や ν などギリシャ文字の添え字は 0〜3 を意味する」

こうなるともう、秘密結社のメンバー同士だけで通じる暗号みたいなものだ。そんなルール、一体どこで明文化されているのだ。バカボンのパパなら「国会で青島幸男が決めたのか？」

と問うだろう。いや、だからアインシュタインさんが決めたんですけどね。反対の賛成なのだ！

しかし考えてみれば、$+ - \times \div$ などの記号だって、誰かが勝手に意味を決めた。たとえば数式に欠かせない等号「=」は、イギリスのロバート・レコードという数学者が1557年に発明したそうだ。誰もが学校で習うから人類はみんな説明抜きでこの等号を使っているものの、よその惑星からやって来た知的生命体が見たら「ロバート・レコードなんて知らんがな！」である。地球人もほとんどは知らんのだが。

ともかく、数式のルールに文句をつけても仕方がない。むしろ、アインシュタインの規約やアルファベットとギリシャ文字の使い分けなどを知ったことで、相対論コミュニティの一員になれたような気がして私はうれしい。そういえば、前に紹介したディラックの解説書にも、4つの座標を「$t = x^0, x = x^1, y = x^2, z = x^3$」とした場合、その4つをまとめて「$x^\mu$」と書く、とあった。あれはこれのことだったのか！　私も今後は、μ や ν を見ただけで「ふふん、これ、0〜3なんだぜぇ」とほくそ笑むことができる。なんだかちょっとエラくなったような気がするじゃありませんか（気のせいです）。

そんな次第ですので、前章では Σ をたくさん使用し、アルファベットの i や j を0〜3の意味でも使ってきたが、ここからはルールが大きく変わります！　座標回転の式を使って、その新ルールを確認しよう。まず、座標回転の変換式（4.3）はこうだった。

$$x'^1 = a_{11}x^1 + a_{12}x^2 + a_{13}x^3$$
$$x'^2 = a_{21}x^1 + a_{22}x^2 + a_{23}x^3$$

$$x'^3 = a_{31}x^1 + a_{32}x^2 + a_{33}x^3$$

これをまとめたのが、(4.5) だ。

$$x'^i = A^i_j x^j$$

i や j は 1〜3 であり、上下に同じ添え字が出てきたらそこに数字を入れて総和を取るのだから、これはこういう計算をすることになる。

$$x'^i = A^i_j x^j = A^i_1 x^1 + A^i_2 x^2 + A^i_3 x^3 \quad (4.6)$$

上下に出てくる j で総和を取った結果、その答え (左辺) からは j が消えて、i だけ残っている。このように、上付きと下付きで登場する添え字は、計算を進めると最終的には消えるのだった。だから、どんな文字を使っても結果は変わらない。そういう添え字のことを「ダミー」と呼ぶ。ダミーだから、好きな記号にテキトーに付け替えてよいそうです。

4-2
4次元時空ではベクトルの「変換性」はどうなる

また遠回りしたが、ベクトルの定義の話に戻ろう。3 次元空間では、座標回転で (4.5) と同じような変換性を持つ (A^i_j という式で変換できる) ものをベクトルと呼ぶそうです。

教科書によると、この定義が必要なのは、**物理法則で扱う力や運動量などがベクトルだからだという**。ちょっとポカンとしてしまうが、まず前提として、物理学では物理法則が座標回転に対して不変であってほしい。それはそうだろう。別の慣性系から見るときに運動法則が変わっては困るのと同じで、座標をちょっと回しただけで物理法則が変わったらえらいことだ。だから、その法則が扱うベクトルは座標回転に対して同じ変換性を持っていないと困る。ベクトルの変換性が同じなら、それを扱う物理法則も座標回転に対して不変だと言える。こういう場合、その法則は座標変換に対して「共変的」というそうです。

ニュートン力学とマクスウェルの電磁気学は、どちらも座標回転に対して共変的である。ところがガリレイ変換に対しては、ニュートン力学は共変的だが、マクスウェルの波動方程式は違う。それでは困るので、特殊相対性理論ではローレンツ変換によって、あらゆる物理法則が異なる慣性系に対して不変になるようにしたのだった。

では、4次元時空におけるベクトルの変換性（つまりベクトルを定義づける変換式）はどんなものになるのか。さっきは3次元空間の3次元位置ベクトルのことを考えたが、こんどは4次元時空（ミンコフスキー時空）にある点Pという位置ベクトルを考える。

点Pの座標を $(ct, x, y, z) = (x^0, x^1, x^2, x^3)$ としよう。この4元位置ベクトルが、ローレンツ変換で (x'^0, x'^1, x'^2, x'^3) になるとすると、両者はどんな関係式で結ばれるか。前に見たローレンツ変換の式 は $y' = y$ と $z' = z$ を省略していたが、その座標の表記を $x^0 \sim x^3$ に変更してすべてを書くと次のようになる。

$$
\begin{aligned}
ct' &= x'^0 = \gamma(x^0 - \beta x^1) \\
x' &= x'^1 = \gamma(x^1 - \beta x^0) \\
y' &= x'^2 = x^2 \\
z' &= x'^3 = x^3
\end{aligned}
\tag{4.7}
$$

行列で書くとこうだ。

$$\begin{pmatrix} x'^0 \\ x'^1 \\ x'^2 \\ x'^3 \end{pmatrix} = \begin{pmatrix} \gamma & -\gamma\beta & 0 & 0 \\ -\gamma\beta & \gamma & 0 & 0 \\ 0 & 0 & 1 & 0 \\ 0 & 0 & 0 & 1 \end{pmatrix} \begin{pmatrix} x^0 \\ x^1 \\ x^2 \\ x^3 \end{pmatrix} \tag{4.8}$$

これを総和の形で書いてみる。添え字は 0〜3 の 4 つだから、使うのはギリシャ文字。真ん中のローレンツ変換の行列は「L^μ_ν」とする。

$$x'^\mu = \sum_{\nu=0}^{3} L^\mu_\nu x^\nu \equiv L^\mu_\nu x^\nu \tag{4.9}$$

いきなりアインシュタインの規約は使わず、いったん Σ でも書いてみた。ダミーの添え字 ν が上と下に出てくるから、Σ を省いても「総和を取りまーす」という意味になるのである（アインシュタインの規約によって、たしかに左辺では ν が消えて μ だけ残っていますよね）。3 次元ベクトルの座標回転の式（4.5）と見比べると、真ん中の変換式をローレンツ変換に置き換えた形になっている。この形が 4 元位置ベクトルを定義する「変換性」なのだ。

4-3
ミンコフスキー・メトリック

次に、4 次元での微小距離について考えます！　何やら唐突だが、しばらくは何の役に立つのかわからない式変形や計算が続くらしい。しかし、それもあの $E = mc^2$ の導出につながると思えば我慢できる。まず、4 次元のミンコフスキー時空における不変間隔の微小量 ds^2 を思い出しますよ。

$$ds^2 = -(dx^0)^2 + (dx^1)^2 + (dx^2)^2 + (dx^3)^2 \qquad (4.10)$$

この式は、$A_i(-1, 1, 1, 1)$ という行列を使うとこう書けた。

$$ds^2 = \sum_{i=0}^{3} A_i dx_i^2 \qquad (3.26)$$

右辺の2乗の部分を、添え字を2つに分けて書き直す。x^2（x の2乗）を xx と書くようなものだ（添え字は新ルールにしたがってギリシャ文字に入れ替える）。

$$dx_i^2 \Rightarrow dx^\mu dx^\nu \qquad (4.11)$$

前の A_i は添え字が i だけなので $(-1, 1, 1, 1)$ の1行でよかったが、こんどは μ と ν という2つの添え字に対応して4 × 4の行列にしなければいけない。その行列を $\eta_{\mu\nu}$（イータ・ミューニュー）として、次のように定義する。

$$\eta_{\mu\nu} = \begin{pmatrix} -1 & 0 & 0 & 0 \\ 0 & 1 & 0 & 0 \\ 0 & 0 & 1 & 0 \\ 0 & 0 & 0 & 1 \end{pmatrix} \qquad (4.12)$$

これを使うと、不変間隔の微小量をこう書ける。

$$ds^2 = \eta_{\mu\nu} dx^\mu dx^\nu \qquad (4.13)$$

$\eta_{\mu\nu}$ は、距離を決める基本要素としてきわめて重要な役割を担っているらしい。そういう基本要素のことを、一般に「メトリック（計量）」と呼ぶそうです。$\eta_{\mu\nu}$ はミンコフスキー時空における基本要素だから、とくに「ミンコフスキー・メトリック」と名づけられている。

ちなみに、われわれが日常的に慣れ親しんでいる 3 次元空間にも、次のようなメトリックがある（メトリックは一般的に $g_{\mu\nu}$ と書かれる)。

$$g_{\mu\nu} = \begin{pmatrix} 1 & 0 & 0 \\ 0 & 1 & 0 \\ 0 & 0 & 1 \end{pmatrix} \tag{4.14}$$

もし（4 次元「時空」ではなく）SF 的な 4 次元「空間」があったとしたら、そのメトリックはこうなる。

$$g_{\mu\nu} = \begin{pmatrix} 1 & 0 & 0 & 0 \\ 0 & 1 & 0 & 0 \\ 0 & 0 & 1 & 0 \\ 0 & 0 & 0 & 1 \end{pmatrix} \tag{4.15}$$

これと比較すると、左上が -1 になるのが 4 次元「時空」の特徴であることがよくわかりますよね。

ところで、メトリックはいつもこういうシンプルな形になるわけではない。教科書には、恐ろしいことが書いてある。

〈一般相対性理論になると、メトリックは一般に、場所や時間の関数となり、複雑な形を取ることを予告しておく〉

教科書なのに、怪盗ルパンの犯行予告みたいなことになっているのだった。いや〜ん（峰不二子の声で)。

だが、将来への不安は脇に置いて、いまは目の前のミンコフスキー・メトリックの性質をもう少し調べよう。

(4.13) から、不変間隔 ds^2 と ds'^2 の関係はこう書けることがわかった。

$$ds^2 = \eta_{\mu\nu} dx'^{\mu} dx'^{\nu} \tag{4.16}$$

また、4元位置ベクトルの変換性を表す (4.9) を微小変化 dx に当てはめると、こう書けますよね。

$$dx'^{\mu} = L^{\mu}_{\nu} dx^{\nu} \tag{4.17}$$

これを、添え字を付け替えながら (4.16) に代入します。

$$\begin{aligned} ds^2 =& \eta_{\mu\nu} (L^{\mu}_{\kappa} dx^{\kappa})(L^{\nu}_{\lambda} dx^{\lambda}) \\ =& \eta_{\mu\nu} L^{\mu}_{\kappa} L^{\nu}_{\lambda} dx^{\kappa} dx^{\lambda} \end{aligned} \tag{4.18}$$

目眩がしそうだが、ここでは次のような手順を踏んでいる。まず、(4.17) の添え字をこう付け替えた。

$$dx'^{\mu} = L^{\mu}_{\nu} dx^{\nu} \equiv L^{\mu}_{\kappa} dx^{\kappa} \tag{4.19}$$

さらに（4.16）の dx'^{ν} には、（4.19）とは添え字を変えたこれを代入している。

$$dx'^{\nu} = L^{\nu}_{\lambda} dx^{\lambda} \tag{4.20}$$

κ は「カッパ」、λ は「ラムダ」と読みます。アインシュタイン規約で Σ を省略する場合、右辺の上下で同じ添え字が現れるわけだが、その添え字は左辺には出てこない。（4.19）と（4.20）を見れば、左辺の添え字は μ と ν。右辺で上下に現れるのは κ と λ。落ち着いて眺めれば、ちゃんとルールにしたがっていることがわかる。

次に、（4.13）の添え字をこんなふうに付け替える。

$$ds^2 = \eta_{\mu\nu} dx^{\mu} dx^{\nu} = \eta_{\kappa\lambda} dx^{\kappa} dx^{\lambda} \tag{4.21}$$

なぜ κ と λ に付け替えたかというと、（4.18）と同じ形にしたかったからだ。この（4.21）と（4.18）はどちらも ds^2 だから、次の等式が成り立つ。

$$\eta_{\kappa\lambda} dx^{\kappa} dx^{\lambda} = \eta_{\mu\nu} L^{\mu}_{\kappa} L^{\nu}_{\lambda} dx^{\kappa} dx^{\lambda}$$

$$\eta_{\kappa\lambda} = \eta_{\mu\nu} L^{\mu}_{\kappa} L^{\nu}_{\lambda} \tag{4.22}$$

なんと、**ミンコフスキー・メトリックにローレンツ変換を2つかけるとミンコフスキー・メトリックになるのだ！**　よくわからないけど、なんだか面白い。

ここまでは4元位置ベクトルの話だったが、ベクトル量は「位置」だけではない。速度や力など、大きさと方向を持つ量はすべてベクトルだ。それらの4元ベクトル一般を $V^\mu = (V^0, V^1, V^2, V^3)$ と書く。次のとおり、V^μ の変換性（右）は、(4.9) で見た4元位置ベクトル x^μ(左) と同じだ。

$$x'^\mu = L^\mu_\nu x^\nu \qquad V'^\mu = L^\mu_\nu V^\nu \tag{4.23}$$

4-4
「反変ベクトル」と「共変ベクトル」

ところで4元ベクトルの計算では、しばしばミンコフスキー・メトリックを書かなければならない。すでに Σ はアインシュタイン規約で省いているわけだが、どうせ楽をするならメトリックも端折りたくなるのが人情だ。

じつは、それをやるために意味を持ってくるのが「添え字の上げ下げ」である。結論から言うと、次のように上付きの添え字を下付きにすると、ミンコフスキー・メトリックが消えちゃうんですね（ミンコフスキー・メトリックには上付きの添え字を下げる働きがある、とも言える）。

$$V_\mu = \eta_{\mu\nu} V^\nu \tag{4.24}$$

添え字が下付きのベクトルは、上付きベクトルの時間成分（V^0）の符号を逆にしたものだ。つまり、$V_0 = -V^0$。(4.24) のベクトルを成分で書くとこうなる。

$$(V_0, V_1, V_2, V_3) = \eta_{\mu\nu}(V^0, V^1, V^2, V^3)$$
$$(V_0, V_1, V_2, V_3) = (-V^0, V^1, V^2, V^3) \tag{4.25}$$

そして、この上付きベクトルと下付きベクトルには、それぞれ名前がついている。上付きは「反変ベクトル」、下付きは「共変ベクトル」だ。それぞれベクトルの「反変成分」「共変成分」という言い方をすることもある。きわめて奥深い概念で、面白がっていろいろ勉強はしたものの、まあ、よくわからない。ともかく添え字の上下で性質が違うから名前も違うのだと思っておけばよいことにしよう！

とはいえ、その上下だけでもなかなか覚えにくい。「左ヒラメの右カレイ」みたいな言葉があればいいのだが、それもないようだ。そこで、ごはんにはんぺんをのっけた「はんぺん丼」的な食べ物があれば覚えやすいかも……と思ってググってみたら、本当にあるのだからクックパッドは侮れない。「黒はんぺん丼」とか「はんぺんカツ丼」とか、いろいろある。やはり「ハンペン」は下に敷かずに上に載せるのだ！　だから添え字が上付きなら反変ベクトルなのだ。反変の共変なのだ！（バカボンのパパの声で）

4-5 「逆行列」で反変と共変をチェンジ！

（4.24）では、反変ベクトルにミンコフスキー・メトリックをかけると共変ベクトルになることがわかった。では逆に、共変ベクトルを反変ベクトルにするにはどうすればよいか。答えはこうだ。

「ミンコフスキー・メトリックの逆行列をかける」

逆行列とは、ある正方行列にかけたときに単位行列になる行列のこと。正方行列は「行と列の数が同じ行列」で、単位行列は「対角成分がすべて１で、それ以外は０の行列」だ。左上の

00成分が「-1」のミンコフスキー・メトリックは、惜しくも単位行列ではない。では、それにかけると単位行列になる「ミンコフスキー・メトリックの逆行列」とはどんなものか。その逆行列を $\eta^{\mu\nu}$ とすると、こういう関係になればよいということだそうです。

$$\eta^{\mu\nu}\begin{pmatrix} -1 & 0 & 0 & 0 \\ 0 & 1 & 0 & 0 \\ 0 & 0 & 1 & 0 \\ 0 & 0 & 0 & 1 \end{pmatrix} = \begin{pmatrix} 1 & 0 & 0 & 0 \\ 0 & 1 & 0 & 0 \\ 0 & 0 & 1 & 0 \\ 0 & 0 & 0 & 1 \end{pmatrix} \tag{4.26}$$

答えは簡単だ。ミンコフスキー・メトリックの左上の -1 に何かをかけて1にすればよいのだから、逆行列 $\eta^{\mu\nu}$ も左上が -1。つまり、逆行列でも、中身はミンコフスキー・メトリックと変わらない。しかし逆行列は逆行列として扱わなければいけないので、添え字は上付き。したがって、反変ベクトルと共変ベクトルの関係は次のようになります。

$$\begin{aligned} V_\mu &= \eta_{\mu\nu}V^\nu \\ V^\mu &= \eta^{\mu\nu}V_\nu \end{aligned} \tag{4.27}$$

これを踏まえて、共変ベクトルのローレンツ変換を考える。反変ベクトルの変換性は (4.23) で見たように、$V'^\mu = L^\mu_\nu V^\nu$ だった。これに対して共変ベクトル V'_μ と V_ν の変換性はどうなるか。まずはミンコフスキー・メトリックを使って共変ベクトル V'_μ を反変ベクトルにする。

$$V'_\mu = \eta_{\mu\nu}V'^\nu \tag{4.28}$$

これの右辺に $V'^\mu = L^\mu_\nu V^\nu$ の右辺を代入しよう。

$$V'_\mu = \eta_{\mu\nu} L^\nu_\lambda V^\lambda \tag{4.29}$$

この V^λ に（4.27）の2行目を代入すると、

$$V'_\mu = \eta_{\mu\nu} L^\nu_\lambda \eta^{\lambda\kappa} V_\kappa \tag{4.30}$$

これをよく見ると、ミンコフスキー・メトリック $\eta_{\mu\nu}$ とその逆行列 $\eta^{\lambda\kappa}$ が含まれている。このかけ算は単位行列になるから、ふつうの式で「1」をかけているのと同じことらしい。したがって、消してしまってかまわない。残る式はこうだ。

$$V'_\mu = L^\nu_\lambda V_\kappa \tag{4.31}$$

左辺も右辺も添え字が下付きだから、これが共変ベクトルの変換性である。一見、反変ベクトルの変換性（4.27）と変わらない。だが、じつは、それぞれの変換行列はお互いに逆行列の関係にある。共変ベクトルを変換するのは、反変ベクトルの逆行列だ。逆行列は上に横棒をつけて表すので、共変ベクトルの変換式はこうなる。

$$V'_\mu = \overline{L}^\kappa_\mu V_\kappa \tag{4.32}$$

要するに、こういうことだ。4元ベクトルの反変ベクトルと共変ベクトルは、ミンコフスキー・メトリックとその逆行列を使って入れ替われる。また、反変ベクトルと共変ベクトルは、ローレンツ変換に使うツールが、お互いに逆行列。なんちゅうか、まあ、ミンコフスキー時空に漂う雰囲気はわかったような気がします！（さんざん数式と格闘した挙げ句に「雰囲気」かよ……）

4-6
「固有時間」が常識中の常識だと？

さあ、準備は整った！　いよいよ前半のクライマックスである $E = mc^2$ の導出に取り組めるぞ！　不変間隔やらミンコフスキー・メトリックやら反変・共変やら逆行列やら、ここまでやみくもに手に入れてきたのは、この難所（かつ相対論ツアーの「名所」）に挑むための武器だったのだ。

ただしこの有名な式にたどり着くには、しょーた君のメニューにあった「特殊相対論的運動論」を学ばねばならぬ。3次元空間で考えられたニュートン力学が4次元時空だとどうなるかを考えるらしい。運動論とは、速度、運動量、力といったアイテムを扱う力学のことだろう。ニュートン力学さえよくわかっていないが、3次元と4次元の力学をまとめて勉強できるなら一石二鳥だぜ（超ポジティブ思考）。

まず最初に考えるのは、3次元の速度と4元速度の違いだ。まず、3次元の速度 v（距離÷時間）は添え字 i（1〜3）を使ってこう書ける。

$$v^i = \frac{dx^i}{dt} \tag{4.33}$$

これに対して、そこに x^0 成分を加えた4元速度を u とする。しょーた君によると、こちらはこう定義されるそうだ（4元なので添え字はギリシャ文字 μ になる）。

$$u^\mu \equiv \frac{dx^\mu}{d\tau} \tag{4.34}$$

「待って。分母の t に似てるけどちょっと違うやつは何？」
「え？　タウですよ？」

「タウ？」
「固有時間ですけど……あっ、まだやってなかったっけ!?」
「聞いてないよ〜」

しょーた君にとっては常識中の常識なので、とっくに教えたつもりになっていたらしい。たしかに教科書をめくると、かなり前のほうにそんなことが書いてあった。じつはローレンツ変換には、不変間隔のほかに、「固有時間」という不変量があるそうだ。で、3 次元の速度は距離の時間微分なのに対して、4 元速度は距離を固有時間 τ で微分するのだという。

そんなわけなので、また遠回りして固有時間の導出だ。毒を食らわば皿までだ（特殊相対論は毒じゃありません）。

ここでは、ある「時計」が慣性系 S に対して相対速度 v で運動をしていると考えるらしい（サルバドール・ダリの絵みたいな、ちょっとシュールな光景を想像した）。一方、慣性系 S' から見ると、その時計はある座標に固定されて動かない（時計の「針」は動いている）。

さて、慣性系 S から見て、$t = 0$ のとき時計は原点にあった。それが dt 後に (dx, dy, dz) に移動したとしよう。S に対する時計の速度はこうだ。

$$
\begin{aligned}
v &= \frac{\sqrt{dx^2 + dy^2 + dz^2}}{dt} \\
\Rightarrow v^2 &= \frac{dx^2 + dy^2 + dz^2}{dt^2}
\end{aligned}
\tag{4.35}
$$

これを使うと不変間隔 ds^2 を次のように書ける。

$$
\begin{aligned}
ds^2 &= -c^2dt^2 + dx^2 + dy^2 + dz^2 \\
&= -c^2dt^2 + dt^2v^2 = dt^2(-c^2 + v^2)
\end{aligned}
$$

$$= -c^2dt^2\left(1-\frac{v^2}{c^2}\right) = -c^2dt^2(1-\beta^2) \tag{4.36}$$

一方、慣性系 S' から見ると時計は静止しているので、dt' 後は $dx'^2+dy'^2+dz'^2=0$ である。ds'^2 で残るのは $-c^2dt'^2$ だけなので、ds^2 はこうなる。

$$ds^2 = -c^2dt'^2 \tag{4.37}$$

（4.36）と（4.37）から、dt との dt' の関係はこうだ。

$$-c^2dt^2(1-\beta^2) = -c^2dt'^2$$

$$dt^2(1-\beta^2) = dt'^2$$

$$dt = \frac{1}{\sqrt{1-\beta^2}}dt' = \gamma dt' \tag{4.38}$$

ほほう。S から見て運動している時計の時間幅 dt は、S' で静止している時計の dt' よりも γ 倍だけ延びている。この S' で静止している時計が刻む時間 t' が、固有時間 τ だそうです。（4.37）と（4.38）の t' に τ を代入すると、$d\tau^2$ はこんなふうに表すことができる。

$$d\tau^2 = \left(\frac{1}{\gamma}dt\right)^2$$

$$ds^2 = -c^2d\tau^2 = -c^2\left(\frac{1}{\gamma}dt\right)^2$$

$$-\frac{1}{c^2}ds^2 = \left(\frac{1}{\gamma}dt\right)^2$$

$$\Rightarrow d\tau^2 = -\frac{1}{c^2}ds^2 \tag{4.39}$$

右辺の不変間隔 ds が慣性系によらない不変量だから、それに定数をかけた左辺の $d\tau$ も不変量だ。うっす、了解っす。

4-7
4元速度から「4元運動量」を求める

では、あらためて4元速度 u^μ の定義 (4.34) を確認しよう。

$$u^\mu \equiv \frac{dx^\mu}{d\tau}$$

また、(4.38) から $d\tau$ はこう書ける。

$$d\tau = \frac{dt}{\gamma} \tag{4.40}$$

それを踏まえて、4元速度 u^μ を時間成分（$ct = u^0$）と空間成分（$x, y, z = u^i$）に分けて書いてみる。時間と空間が混ざって一体化するのが相対論ワールドだが、そうは言っても、こうして両者を分けて考えると、あとでいろいろ理解しやすくなるようだ。

$$u^0 = \frac{dx^0}{d\tau} = \frac{d(ct)}{d(t/\gamma)} = \gamma c$$

$$u^i = \frac{dx^i}{d\tau} = \frac{dx^i}{d(t/\gamma)} = \gamma v^i \tag{4.41}$$

次に考える4元アイテムは「4元運動量」だが、まずは3次元の運動量 p が何なのかを理解しておこう。運動量は「質量×速度」だから、p はこう書けます。

$$p^i = mv^i \tag{4.42}$$

質量 m は3次元でも4次元でも同じだから、これを4元化するには、速度を4元にすればよい。さっきの4元速度の式（4.34）を使うと、こう書けますよね。

$$p^\mu = mu^\mu = m\frac{dx^\mu}{d\tau} \tag{4.43}$$

ところでニュートン力学では、運動量 p を時間で微分すると力（$F=ma$ の F）になるそうだ。したがって「4元力」は次のように4元運動量を τ で微分した形になる。3次元の添え字 i をつけた左側はニュートン力学の F で、それを4元化したのが右（小文字の f）。やはり一石二鳥のお得感がある。

$$F^i = \frac{dp^i}{dt} \;\Rightarrow\; f^\mu = \frac{dp^\mu}{d\tau} \tag{4.44}$$

4-8 線形代数入門パート2

ここでまた、しょーた君から謎のミッションが示された。「4元速度と4元運動量のそれぞれの2乗について考えましょう」というのである。考えるのはかまわないが、速度や運動量を2乗するとは、一体どういうことやねん。

速度も運動量も、大きさと方向を持つのでベクトルだ。そしてベクトルの2乗とは、すなわち「自分自身との内積」を取ることだという。内積。ベクトルの、内積。もしかしたら、高校で習ったかもしれない、ベクトルの、内積……。

「また、そこからですかね？」

「うん。出直してくるから、ちょっと待ってて」

というわけで、「線形代数入門パート2」である。ベクトルの内積について自習しました。

どうやら高校の授業では、ベクトルの内積の定義や計算方法は教えるものの、「それが何を意味しているのか」をあまり教えないらしい。それだけ難儀な概念なのだろう。とりあえず「積」なのだから、ベクトルのかけ算みたいなものだということはわかる（「内積」があるからには「外積」もあるわけだが、そちらは今回、完全スルーします）。

で、内積の定義はこれだ。始点を揃えた2つのベクトル $\vec{a}$ と $\vec{b}$ の作る角度を θ とすると、その内積はこうなる（矢印はベクトルを表す記号）。

$$\vec{a} \cdot \vec{b} = |\vec{a}| \left|\vec{b}\right| \cos\theta \tag{4.45}$$

たとえば $\vec{a}$ の長さが3、$\vec{b}$ の長さが4、角度 θ が60度だとしよう。三角関数の詳細は端折るが、$\cos 60^\circ$ は $1/2$ だそうなので、その内積は $3 \times 4 \times 1/2 = 6$ である。一方、角度を使わずに、それぞれのベクトルの成分から内積を計算する式もある。上の式をアレコレ計算していくと、こうなるんです。

$$\vec{a} = (a_1, a_2), \quad \vec{b} = (b_1, b_2)$$
$$\vec{a} \cdot \vec{b} = a_1 b_1 + a_2 b_2 \tag{4.46}$$

同じ添え字の成分をかけ算して総和を取るのは、これまでやってきた行列の計算と同じだ。(2,4) と (3,5) という2つのベクトルなら、その内積は $2 \times 3 + 4 \times 5 = 26$ である。

じゃあ、この6とか26とかいう数字に何の意味があるかというと……やはり話が煩雑になりすぎるので、申し訳ないがそこは割愛。ここで大事なのは、ベクトルの内積が6や26のような単なる数、つまりスカラーになることだ。

そして（ここからはしょーた君に教わったのだが）、ベクト

ルを2乗する（自分自身の内積を取る）とは、自分自身の「大きさ」を求めることにほかならない。4元速度と4元運動量の2乗も、それぞれの大きさを求めることになるわけだ。

ではそれをどう計算するかというと、自分自身との内積は「反変ベクトル×共変ベクトル」なんだそうです（天下り御免）。したがって、まず4元速度 u^μ の2乗はこうなる。

$$
\begin{aligned}
u^\mu u_\mu &= \eta_{\mu\nu} u^\mu u^\nu \\
&= -u^0 u^0 + u^1 u^1 + u^2 u^2 + u^3 u^3
\end{aligned}
\tag{4.47}
$$

ミンコフスキー・メトリックで共変ベクトルを反変ベクトルにして、行列を開いたわけだ。ここで、さっきの4元速度(4.41) を u^0 と u^i $(i=1,2,3)$ に代入する。

$$
\begin{aligned}
&-u^0 u^0 + u^1 u^1 + u^2 u^2 + u^3 u^3 \\
&\qquad = -(\gamma c)^2 + \left(\gamma v^1\right)^2 + \left(\gamma v^2\right)^2 + \left(\gamma v^3\right)^2 \\
&\qquad = -\gamma^2 c^2 + \gamma^2 v^2 = -\gamma^2 c^2 \left\{1 - \frac{v^2}{c^2}\right\} \\
&\qquad = -\gamma^2 c^2 \left(1 - \beta^2\right) = -c^2 \frac{1}{1-\beta^2} \left(1 - \beta^2\right) = -c^2
\end{aligned}
\tag{4.48}
$$

この式変形のミソは、$(1-\beta^2)$ を出すために、3行目を $-\gamma^2 c^2$ でくくったところだ。γ^2 はその $(1-\beta^2)$ の逆数なので約分され、結局、$-c^2$ だけが残るという鮮やかな形になった。気持ちがよい。これが4元速度 u^μ の2乗だ。

では4元運動量 p^μ の2乗（自分自身との内積）はどうなるか。こちらも「反変×共変」なので、ミンコフスキー・メトリックを使ってこう書ける。

$$
\begin{aligned}
p^\mu p_\mu &= \eta_{\mu\nu} p^\mu p^\nu = \eta_{\mu\nu} m u^\mu m u^\nu \\
&= m^2 \eta_{\mu\nu} u^\mu u^\nu = -m^2 c^2
\end{aligned}
\tag{4.49}
$$

4 元運動量 p^μ を（4.43）を使って mu^μ に置き換えた。2 行目の $\eta_{\mu\nu} u^\mu u^\nu$（4 元速度の内積）は、さっき見たとおり、$-c^2$ だ。ふと気づけば、4 元運動量の内積は、なんとなく $E = mc^2$ を感じさせる佇まいになってきましたよ！

4-9
いざ中学理科の復習から $E = mc^2$ へ

ここで、また 4 元速度を時間成分と空間成分に分けた（4.41）を使って、こんどは 4 元運動量 p^μ を時間成分と空間成分に分けてみます。

$$
p^0 = mu^0 = m\gamma c \tag{4.50}
$$

$$
p^i = mu^i = m\gamma v^i \tag{4.51}
$$

4 元運動量を 3 次元の速度 v^i で表せた。次の課題は「運動方程式を固有時間 τ ではなく t で書き直してみよう」である。t は、観測者が乗っている慣性系での時間だ。t だとローレンツ変換に対して不変ではなくなってしまうが、教科書によれば「このことによって、ベクトルとしての性質は失われるが、ニュートン方程式との関係がより明快なものとなる」そうだ。よくわからないが、それが $E = mc^2$ の理解につながるなら、やってみよう。まず、固有時間 τ と慣性系の時間 t の関係（4.40）はこうだった。

$$
d\tau = \frac{dt}{\gamma}
$$

また、4元運動方程式はこうである。

$$f^\mu = \frac{dp^\mu}{d\tau}$$

（4.40）の関係を使うと、これはこう書けますね。

$$f^\mu = \frac{dp^\mu}{d\tau} = \frac{dp^\mu}{dt}\frac{dt}{d\tau} = \gamma\frac{dp^\mu}{dt} \tag{4.52}$$

τ を t に置き換えると、γ がくっつくというわけだ。なるほど、（4.39）の1行目を見れば、τ を t にすると γ が出てくるのはわかるような気がします、はい。

ここでまた、方程式を空間3次元成分（i=1〜3）と時間成分（0）に分けて考える。（4.52）の f^μ を3次元の f^i、p^μ を p^i にして両辺を γ で割ると、F^i はこう定義できる。

$$F^i \equiv \frac{f^i}{\gamma} = \frac{dp^i}{dt} \tag{4.53}$$

大文字の F は、小文字の f を $\frac{1}{\gamma}$ したものということだ。（4.44）を見ればわかるように、これはニュートンの運動方程式に出てくる「力」である。なるほど。

では時間の0成分はどうなるか。それを調べるために、まず F^μ を次のように定義する。（4.53）の i を μ に入れ替えて4元にした形だ。4元力はいままで小文字の f で書いてきたが、ここからは大文字の F にします。

$$F^\mu \equiv \frac{f^\mu}{\gamma} = \frac{dp^\mu}{dt} \tag{4.54}$$

じつは、この4元力と4元速度のあいだには次の関係がある。煩雑なので説明は省略するが、両者の内積は0なのだ。

$$\eta_{\mu\nu}u^\mu F^\nu = 0 \tag{4.55}$$

この関係式を開いて、成分で書いてみよう。

$$-u^0F^0 + u^1F^1 + u^2F^2 + u^3F^3 = 0 \tag{4.56}$$

「この u^0, u^1, u^2, u^3 の値はもうわかっていますよね？」
「え、そうなの？」
(4.41) を見たら、たしかにもうやっていた。やれやれ。あらためて書くと、こうだ。

$$u^0 = \gamma c \qquad u^i = \gamma v^i \tag{4.57}$$

これを (4.56) にブチ込んで整理していく。2 行目から 3 行目の変形は、両辺を γ で割ったと思えばよいそうです。

$$\begin{aligned} -u^0F^0 + u^1F^1 + u^2F^2 + u^3F^3 &= 0 \\ -\gamma c^0F^0 + \gamma v^1F^1 + \gamma v^2F^2 + \gamma v^3F^3 &= 0 \\ -c^0F^0 + v^1F^1 + v^2F^2 + v^3F^3 &= 0 \\ F^0 &= \frac{1}{c}\left(v^1F^1 + v^2F^2 + v^3F^3\right) \end{aligned} \tag{4.58}$$

おお、F^0 が出た。で、これの右辺は、じつは 3 次元の速度と力の内積だという。それはこう書ける。

$$F^0 = \frac{1}{c}\sum_i v^iF^i = \frac{1}{c}\vec{v}\cdot\vec{F} \tag{4.59}$$

この「速度と力の内積」は、ニュートン力学で一体どんな意味を持つのか。そこで登場するのが「仕事 (W)」という概念なのだった。おお、仕事。一般名詞と専門用語との意味の乖離(かいり)が甚だしいことで有名なやつだ。私は自分の 1 日の仕事量を (文字数) ÷ (日数) で計算しているが、そこに物理学的な意味はない。じゃあ、力学的な「仕事」って何？

それを知るために高校物理の入門書を開いた私は愕然（がくぜん）とした。目次で「仕事」の項を見つけてそのページに行くと、こう書いてあったからだ。

「まずは中学理科の復習から始めます」

ええっ、義務教育で習ったのかよ！　次の式は中学理科の教科書にも書いてあるらしい。みんな知ってた？

（仕事）＝（力）×（移動距離）

記号で書くと、$W=Fx$ ですね。したがって、仕事がちょびっと増えたとすると、移動距離もちょびっと増える。それを式で書くとこうだ。

$$dW=\vec{F}\cdot d\vec{x} \tag{4.60}$$

これを使うと速度と力の内積はこう書ける。その内積は「仕事の時間微分」なのだ。

$$\vec{v}\cdot\vec{F}=\frac{d\vec{x}}{dt}\cdot\vec{F}=\frac{dW}{dt} \tag{4.61}$$

さて、ここで仕事のことを考えたのは、それが「エネルギー」と関係しているからだそうだ。おお、エネルギー。$E=mc^2$ の左辺である。じつは（みんな知ってるかもしれないけど）エネルギーとは「仕事をする能力」のことなんですね。だからエネルギーが変化すれば仕事が変化するし、仕事が変化したならエネルギーが変化したことになる。したがって、仕事の増分（dW）はエネルギーの増分（dE）だ。ここで（4.59）を次のように変形する。

$$F^0=\frac{1}{c}\vec{v}\cdot\vec{F}\Rightarrow\vec{v}\cdot\vec{F}=cF^0 \tag{4.62}$$

これは（4.61）と同じ「速度と力の内積」だから、次の式が成り立つ。

$$\vec{v} \cdot \vec{F} = cF^0 = \frac{dW}{dt} = \frac{dE}{dt} \tag{4.63}$$

ところで、（4.54）を見ると、F^0 は次のように書ける。

$$F^0 = \frac{dp^0}{dt} \tag{4.64}$$

これを（4.63）に代入します。

$$cF^0 = c\frac{dp^0}{dt} = \frac{dW}{dt} = \frac{dE}{dt} \tag{4.65}$$

2 番目と 4 番目を見比べれば、cp^0 はエネルギー E だ。

「さあ、大詰めですよ。p^0 が何だったか覚えてます？」

覚えているわけがない。血眼で自分の書いた数式を探す私。あったあった！（4.50）にこう書いてある。

$$p^0 = m\gamma c$$

ならば、cp^0 は $m\gamma c^2$ だ。それはエネルギー E だ。

$$E \equiv cp^0 = m\gamma c^2 \tag{4.66}$$

惜しい！　γ が邪魔だ！　γ がなければアレになるのに！

「この γ、消したいですよね？」

「うんうん、消したい消したい！」

「じゃあ、速度がゼロだったらどうなります？」

……え？　速度がゼロって、どういうことだ？

ここは心を落ち着けて、γ が何だったか思い出そう。

$\gamma \equiv \frac{1}{\sqrt{1-\beta^2}}$ で、β は $\frac{v}{c}$ だから、$\gamma \equiv \frac{1}{\sqrt{1-\frac{v^2}{c^2}}}$

これの速度 v をゼロにすると……そっか！　$\gamma = 1$ じゃん！　係数1は書かなくていいじゃん！　したがって！　速度 v がゼロのとき！　エネルギー E は！

$$E = mc^2 \tag{4.67}$$

ああ、涙が出そうだ。そう。これは「静止エネルギー」を表す式なのである。じつに不思議なことだが、物体が静止していても、質量 m さえあればそれはエネルギーなのだ。つまり、エネルギーと質量は等価なのだ。タテガキの入門書にいくらでも書いてあることだが、私としては、ヨコガキの数式を懸命に追うことでこの超有名な式を導出できただけで、もう思い残すことはない。ここで本書を終えてしまってもかまわないくらいの絶頂感である。

第5章 一般座標変換と共変微分

5-1 「特殊」から「一般」へ

驚くべきことに、私の冒険はまだ出発前の準備が終わっただけだ。本番は始まってもいないのだから、現実は厳しい。厳しすぎて気を失いそうだ。

しかし考えてみれば、そもそも私に失うものなどないのだから、気を失う必要もない。やっと20世紀物理学の頂上を目指して山を登りはじめられるのだ。ここまで来たら、失敗を恐れずに行けるところまで行くだけじゃ。

しかしまあ、振り返ってみると、ずいぶん遠くまで来たものである。なにしろ、微積分を習った記憶さえなかったド文系の五十路ライターが、あの $E = mc^2$ の導出にまで到達したのだ。すでに自分史の中ではトップクラスの偉業である。

湯水のごとくあふれ出る数式の数々におぼれかけた場面もあったが、それがたしかに宇宙の「母語」だと感じられる局面もあった。たとえば、これまで書いてきた数式のなかで私がいちばん好きなのは、ローレンツ変換の不変量が時間と空間を混ぜたものであることを示した（3.3）だ。

$$(x_2 - x_1)^2 - c^2(t_2 - t_1)^2$$

地味な式である。しかしこれは、この自然界が 3 次元空間ではなく、じつは時間を加えた 4 次元時空なのだと考える相対性理論の主張を、ひとことで表現しているように感じた。

意味不明にしか見えなかった数式から、そういうメッセージを読み取るのは楽しい。これから挑む一般相対性理論は、これまでの特殊相対性理論よりもはるかに難解なメッセージを投げかけてくるにちがいないが、自然界の奥底から届く声に、懸命に耳を傾けることにしよう。

だが、本丸であるアインシュタイン方程式に取り組む前に、ある疑問を解いておかねばならぬ。

「アインシュタインはなぜ、特殊相対性理論の次のステップで重力理論を考えたのか？」

相対性理論は「特殊」と「一般」の二段構えになっており、第一段の「特殊論」は光速度や時間のズレなどの話だった。それが第二段の「一般論」では、突如として重力の話になる。なぜそういう流れになるのか、腑に落ちない人もいるだろう。私自身はこの企画を始める前からそのあたりのことは仕事で勉強してきたので、しょーた君の力を借りずにご説明しましょう。

そもそも特殊相対性理論が「特殊」（つまり「一般的」ではない）という位置づけになっているのは、この理論が「慣性系」だけを扱っているからである。

一定の速度で走る電車（慣性系 S'）と線路脇に立っている人（慣性系 S）のように、お互いに等速直線運動をしている状態は、決して一般的な設定ではない。むしろかなり特殊な状態だ。電車は常に一定の速度では走らないし、外で電車を見ている人もいつも立ち止まっているわけではない。停車するために少しずつ減速する電車を、線路沿いを歩きながら眺めることだってある（ずっと等速度をキープして歩ける人はあまりいない）。そういう「非慣性系」の状態でお互いを観測するほうが、はるかに一般的（よくあること）だ。つまり加速度が入っていないことが特殊相対性理論が「特殊」たるゆえんであり、その限界でもあるのだった。加速度を扱うことができれば、相対性理論は「特殊」から「一般」に拡張される。

ところが実際にできあがった一般相対性理論は、「加速度」ではなく「重力」の理論だ。話がねじくれている。どうして、そんなヒネリが加わっているのか。それは、アインシュタインがこんなことに気づいてしまったからだった。

「加速度は重力だ！」

これがいわゆる「等価原理」だ。文字どおり、加速度と重力が同じだと言っている。しかし急にそんなことをいわれても、ポカンとするばかりだ。岡本太郎の「芸術は爆発だ！」のほうが、まだピンと来るような気がしますよね。

たしかに、もし加速度と重力が同じものなら、特殊相対性理論に「加速度」を入れて拡張した一般相対性理論が「重力」の理論になるのはうなずける。でも、どうして「加速度は重力だ！」なんて言えるのか？

5-2 等価原理はこうしてできた

アインシュタインが加速度と重力の等価原理に気づいたのは、「屋根から落ちる男」のおかげである。ポピュラーサイエンス業界では、かなり有名な男だ。

1907年のある日、ベルンの特許局に勤めていたアインシュタインは、オフィスの席で「屋根から落ちる男は重力を感じない！」とひらめいた。のちに、これが「生涯でもっとも幸福なアイデア」だったと語ったという。相対論の入門書には必ず出てくるエピソードだ。それはもう、テレビで五輪の競泳が話題になるたびに岩崎恭子選手の「いままで生きてきたなかでいちばん幸せです」を聞かされるのと同レベルのお約束感である。

だから、このひらめきを知っている人も多いだろう。でも、このアインシュタインのアイデアを聞いて、あなたはすぐに、「そりゃあ、うれしかっただろうね」と納得できます？　私は、うまく飲み込めなかった。そもそも、そんな恐ろしい状況で「おっと……いま、オレ、重力を感じてなくね？」なんて気づくような余裕があるとは思えないじゃないですか。

それに、たとえ重力を感じていなくても、地面が近づくのは見えるし、下から上への空気の流れも感じるから、「自分が落下中」なのは明らかである。私は過去に一度だけ胴上げされた経験があるが、「自分は重力を感じていない」なんて思わなかった。みんなが本当に受け止めてくれるのかどうか不安で、重力の有無を考えるゆとりなどない。

じつは解説書の多くが、「屋根から落ちる男」を「自由落下するエレベーターの乗員」に置き換えて等価原理を説明する。エレベーターの乗員は、外の様子が見えないし空気の流れも感じない。落下していることを認識するには、重力を感じる以外にないわけだ。屋根から落ちる男よりも重力の有無に意識を集中できそうなので、こちらのほうが「なるほどそれだと重力を感じないかも」と納得しやすいのである。

それに、ほとんどの人は屋根から落ちた経験がないが、エレベーターで一瞬フワッと体が浮くように感じた経験はあるだろう。その点でも、こちらの設定のほうが飲み込みやすい。

ふだん、私たちは（立っていれば）足の裏、（座っていれば）お尻、（寝ていれば）体全体などで地球の重力を感じている。ただしこれは、重力そのものを直接的に感じているわけではない。重力で下に引っ張られると、地面や床や椅子やベッドなどが、足の裏やお尻や体全体などを押し返す。この「垂直抗力」と呼ばれる力によって、間接的に「ああ重力で引っ張られているのだなぁ」とわかるのである。

しかし、止まっていたエレベーターが下降を始める（つまり下に向かって加速する）と、なぜか床から足の裏に伝わる垂直抗力が弱まり、体が浮くように感じられる。「加速すると重力が弱くなったように感じる」わけだ。

ふつうのエレベーターはやがて等速度運動になり、そうなるとまた床が足の裏を押す（つまり重力が復活する）が、ロープが切れて自由落下するエレベーターでは、そうならない。地球上では9.8メートル毎秒毎秒の「重力加速度」があるので、途中で等速度にはならず、その加速度のまま落ち続ける。乗員は、まったく下からの垂直抗力を感じない。無重力状態の宇宙船に乗っている人と同じように、体が浮いてしまう。重力のせいで落下しているのに、その重力を感じない。加速度によって、見かけの上では重力が打ち消されるのだ。

ここで、さらに面白い思考実験をしてみる。見かけの上で重力が消せるなら、逆に、見かけの上で重力を発生させることもできるだろう。どうすればよいか。「重力発生装置」などと呼ぶとSF風味だが、使うのはまたエレベーターだ。

どこからも重力の影響を受けない宇宙空間に、エレベーターが浮かんでいるとしよう。無重力なので、乗っている人もその中でフワフワ浮いている。このエレベーターが、上に向かって加速度運動を始めたら、どうなるか（宇宙空間には上も下もないが、ここではエレベーターの進む方向を「上」と呼ぶ）。

前進する自動車が加速すると、乗員は体をシートの背もたれに押しつけられるように感じる。進行方向と逆向きの「慣性力」が働くからだ。それと同じく、加速したエレベーターの乗員の足の裏は床に押しつけられる（ここでは6面の壁のうち足の裏が押しつけられる面を「床」と呼ぶ）。その加速度が9.8メートル毎秒毎秒なら、慣性力は重力と同じ大きさになるので、床に押しつけられた足の裏は、地上にいるのと同じ垂直抗力を感じるはずだ。

そのとき、エレベーターがどこにあるのかを知らなければ、床から自分の足の裏に加わる垂直抗力が重力に由来するのか、加速度によって生じた慣性力に由来するのか、乗員には区別がつかない。実際はエレベーターごと加速度運動をしていても、そこで感じる力は、地面の上で重力を受けている状態と変わらないわけだ。ならば「加速度か重力か」を考えること自体に意味がない。両者は本質的に同じなのだ。まさに「加速度は重力」なのである！

5-3
「潮汐力」こそが重力の本質

とりあえず、慣性系だけを扱っていた特殊な理論が、加速度を入れることで一般的な理論になり、さらにそれが等価原理によって重力の理論になる理屈はわかった。

しかしアインシュタインの重力方程式の読解を始めるためには、もうひとつ大きな疑問を解決しなければいけない。あの方程式の左辺が表しているのは「時空の歪み」だ。……どうして、重力は時空を歪めるんだ？

もし「加速度は重力」であり、「重力は時空を歪ませる」ならば、加速度でも時空が歪みそうなものである。でも、そんなことはない。時空を歪ませるのは、あくまでも重力だ。

ところがその重力は、自由落下したぐらいで消えてしまう儚(はかな)いものである。しかも加速度と区別がつかないのだから、頼りないというか影が薄いというか、実体があるのか無いのかわからない。そんなものに、時空を歪ませるなどという大それた仕事を担えそうな気がしないじゃないか。

この不信感（？）を拭い去るために、もう一度、エレベーターを自由落下させてみよう。ただし今回は、4個のボールを入れた状態で、宇宙空間から地球に向かって落っことす。ボールを図5-1のような配置で浮かべておくと、何が起こるか。

加速度で重力が打ち消されるので、ボールはエレベーター内に浮く。だがボールが落下していないわけではない。エレベーターとともに地表に向かって落ちている。引っ張っている重力源は、地球の真ん中だ。

そのため、左右に配置した2個のボールは、平行には落下しない。地球の中心に向かって落ちていくので、エレベーター内では少しずつお互いに接近していくように見えるだろう。また、引力は重力源から遠いほど弱い。つまり地球に近いほど速く落下するので、上下に配置したボールは少しずつ離れていく

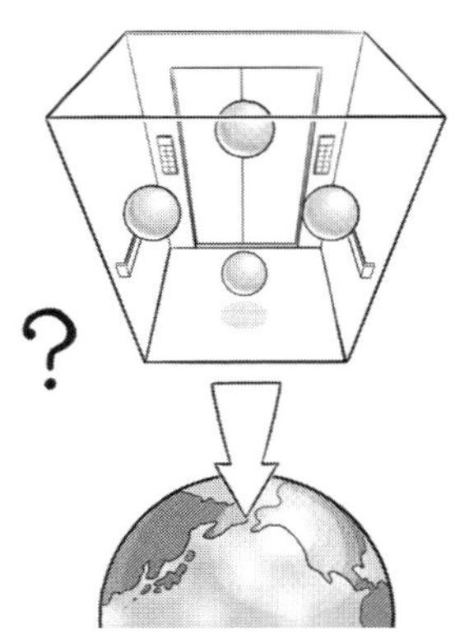

図5-1　地球に落下するエレベーター内のボールは→

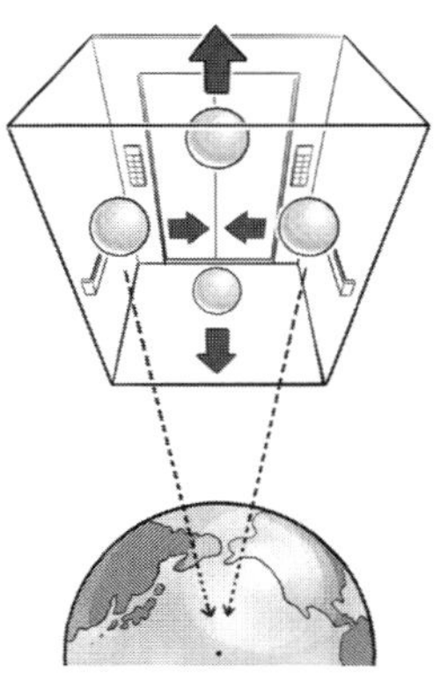

図5-2　このように動く！

ように見えるはずだ（図5-2）。

……だから何なのか？　うん、そう思いますよね。私も最初に聞いたときは「ふーん」と思っただけだった。

でも、これこそが、一般相対性理論における最大の感動ポイントと言っても過言ではない。なぜか？　何を隠そう、このボールの位置の変化こそが重力による「時空の歪み」を表しているからである！

たしかに、加速度によって見かけの引力は消えているが、地球の重力の効果は消えていない。重力があるからこそ、時空が歪んでボールの配置が変わってしまうのである。

ニュートンが発見したのが万有引力だったこともあって、重力とは「物質がお互いに引っ張り合う力」のことだと思われやすい。しかし、加速度で打ち消すことができる引力ではなく、消すことのできない時空の歪みこそが重力だ。この時空の歪みは、身近なところでも観測できる。潮の満ち引きだ。地球の海であの現象が起きるのは、月の重力によって時空が歪むからなのである。自由落下エレベーター内の4個のボールと満潮・干潮を図5-3のように並べて見ると、そのしくみがよくわかるだろう。

巨大エレベーターが地球に向かって落下しているのと同様、地球も月に向かって落下している。月の重力が地球周辺の時空を歪ませるから、左右に縮まる側の海は干潮、上下に引き延ばされる側の海は満潮になるのだった。この象徴的な現象を引き起こすので、重力が時空を歪ませる力のことを「潮汐力」と呼ぶ。やけに具体的な風景が目に浮かぶ言葉なので、抽象性の極北みたいな相対性理論の用語っぽくないのが玉に瑕（きず）だが、これこそが重力の本質なのであります！

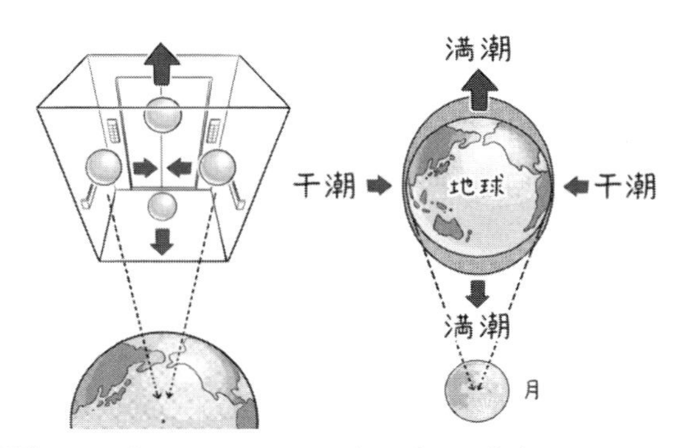

図 5-3 地球に落下するエレベータ内のボール（左）と潮汐力

5-4
アインシュタインも苦しんだ

この潮汐力の効果が極端に大きくなると、「ヌードル効果」とか「スパゲッティ化現象」などと呼ばれる状態になる。ブラックホールのように強力な重力源に近づくと、タテ方向にはビヨヨ〜ンと引き延ばされ、ヨコ方向にはギュギュ〜ッと押し潰されるので、あらゆる物体が（人体も）「麺」みたいになってしまうのだ。恐ろしい話である。

そんな状態になってしまったら、たとえ自由落下エレベーター内でふわふわ浮かんでいても、重力が消えたとは思えないだろう。最初の思考実験で、自由落下エレベーター内の人が重力を感じなかったのは、自分の体があからさまにスパゲッティ状態になるほどには地球の重力が強くないからだ。

しかし厳密にいうと、その自由落下エレベーター内でも潮汐力はかすかに働いている。自由落下エレベーター内の人も、ふつうに地上で生活している私たちの体も、地球の重力でほーんの少しだけタテ方向に細長く歪んでいるはずだ。その意味で、重力の影響を完全に消すことはできない。もちろん、「屋根から落ちる男」もそうだ。本人が重力を感じてはいなくても、その体には間違いなく潮汐力が効いている。

ならば、アインシュタインの「生涯でもっとも幸福なアイデア」は間違っていたのか？

もちろん、そんなことはない。たしかに重力は加速度運動で打ち消すことができる。ただし、それは「局所」にかぎった話だという。重力は時空を歪ませるが、無限に小さい領域（ほとんど「点」のような領域）では、歪みがないと考えてよい。つまり重力は、「大局的（global）」には消えないが、「局所的（local）」には加速度運動で消すことができるらしい。

このあたりは、私もまだモヤモヤを感じる。でも、前に不変間隔の微小量について考えたとき、「かぎりなくゼロに近い微小な変化」は直線的な関係だと考えてよい（だから1次関数の線形結合になると仮定できる）という話があった。これも、それと同じように理解すればよさそうだ。広い領域を見るとグニャグニャに曲がっていても、かぎりなく点に近い小さな領域は「平坦」と見なしてよいということだろう。私はそれを図5-4のようなイメージで理解した。

本来は正方形が並んだ方眼紙が、ぐにゃぐにゃに変形したものだと思ってください。慣性系を表すミンコフスキー時空はきっちりした方眼紙のようなものだが、そこに重力を入れると時空がこんなふうに歪んでしまう。しかし、タテとヨコの座標軸が交わる「時空の各点」の周辺にある極小の領域だけを見ると、どこの点もすべて直交座標になっている。そこでは重力

図 5-4 方眼紙のようなミンコフスキー時空に重力を入れると歪む

が消えているので、いわば「極小のミンコフスキー時空」みたいなものだ。ただし、すぐ隣にある点とは、座標軸の向きが違う。ミンコフスキー時空はすべての点で座標軸の向きが同じだから、1つの直交座標で全体を覆うことができるが、重力で歪んだ時空はそうはいかない。

自由落下によって重力を消したこの無限に小さい領域のことを「局所慣性系」とか「局所ミンコフスキー空間」などと呼ぶそうだ。そこは慣性系だから、その局所的な運動は特殊相対性理論で記述できるし、ローレンツ変換も使える。

しかし、すぐ隣の点は別の局所慣性系だから、運動の方向も速さも同じではない。重力そのものの向きや大きさがそれぞれバラバラだからだ。時空が曲がっているせいで、それぞれの局所慣性系が一致しない。

これが、「特殊」から「一般」への理論の発展をひどく難しくしたようだ。アインシュタインは、1907 年に「屋根から落ちる男」のアイデアをひらめいたとき、ニュートンを超える新しい重力理論をそう苦労せずに構築できると考えていたらしい。しかし実際にやってみると、慣性系から加速度系への座標変換に関する公式をなかなか見つけられなかった。慣性系同士ならローレンツ変換という決まった形の式でオーケーなのだが、それを加速度系の変換に拡張するのは簡単ではなかったのだ。

その難しさに気づいたアインシュタインが研究の方針を大きく変えたのは、1912 年のことだったという。1907 年に「うひょー！　いいこと思いついた！　おれのアイデア最高じゃん！」とテンション上がってイケイケになったものの、5 年やってみて「やっべー！　このままじゃ無理かも〜」と焦り始めた感じでしょうか（まるで、本書の企画を思いついたときの私と現在の私のようだ）。

で、非慣性系（加速度系）を取り扱える一般的な相対論を構築するために勉強し始めたのが、リーマン幾何学である。大学時代からの親友である数学者グロスマンに、「重力によって時空が曲がる」という自分のアイデアを説明したところ、曲がった空間を扱うリーマン幾何学という数学を使えばそれが記述できるらしいとわかったのだ。

これから私たちも、そのリーマン幾何学を含めた壮大な数学世界に踏み込むことになる。これまでも十分に歯ごたえのある数式と格闘してきたが、難しさはその比ではないだろう。なにしろ 1912 年にリーマン幾何学の勉強を始めたアインシュタインが一般相対性理論の重力方程式を完成させたのは、1915 年のことだ。あの天才物理学者でさえ 3 年かかったのである。どんだけ難しいんだよそれ！

5-5
出た、一般座標変換！　しかし……

さて、慣性系だけを扱う特殊相対性理論を、非慣性系まで取り扱う一般相対性理論に拡張するとなると、「相対性原理」が拡張されなければいけない。ガリレオの相対性原理を特殊相対性原理に拡張したのに伴って、ガリレイ変換がローレンツ変換に拡張されたように、こんどは「一般座標変換」という新たな座標変換が必要になる。

この冒険を始めたときから、ガリレイ変換とローレンツ変換の先にはそれがあると聞いていたので、ようやくここまでたどり着いたかと思うと感慨深い。ローレンツ変換の美しい行列式と出会ったときから、私は「次の一般座標変換はどんな姿をしてるんだろう」とワクワクしつつ、その反面、「それを導出するまでの道のりはローレンツ変換よりもはるかに険しいに違いない」という恐怖心を抱いてもいた。

ところが、である。教科書では、拍子抜けするほどあっさりと一般座標変換の式が提示された。

$$\tilde{x}^{\mu} = f^{\mu}(x^0, x^1, x^2, x^3) \tag{5.1}$$

右辺のカッコ内は、4次元時空に張った座標である。0は時間成分、1から3までは空間成分。4つの添え字をまとめて μ とすると、次のように書ける。

$$\tilde{x}^{\mu} = f^{\mu}(x^{\mu}) \tag{5.2}$$

左辺のニョロニョロは「チルダ」と読む。x^{μ} も $\tilde{x}^{\mu}$ も同じものだが、置かれた座標系が違うから見かけの形が違っている、ということだ。その両者のあいだを取り持つ f^{μ} は「f」だから関数。つまりこの式は、「左辺の座標は右辺の座標の関数として表せる」と言っている。でも、それがどんな関数かについては何も言っていない。これは、(4.17) で見たようなローレンツ変換の式とは違う。

$$dx'^{\mu} = L^{\mu}_{\nu} dx^{\nu}$$

この場合、dx^{μ} を dx'^{μ} にするローレンツ変換 L^{μ}_{ν} には具体的な「中身」がある。しかし (5.1) の f^{μ} は、何らかの関数(変換規則) がそこに入ると言っているだけ。いわばブラックボックスだ。「ある座標をある箱に入れると別の座標系に変換されまーす！」という、まさに「一般論」にすぎない。

ちとガッカリしたが、なにしろ一般座標変換なんだから、一般論になるのは当たり前ではある。非慣性系の座標は何でもアリのグニャグニャな世界なので、ローレンツ変換のような決まった形を持つ特殊な公式は存在しないということだ。

「では次に、これを微分してみましょう」

(5.1) の式を眺めた後、しょーた君はそういって手元のノートにガシガシと数式を書き始めた。いやいや、ちょっと待ってください。なぜここで唐突に微分するの？

「男は黙って微分しろ」

「はい？」

「……って、学生時代に酒の席で先生が言ってました」

ちょっとカッコイイが、昨今はジェンダー方面の配慮が欠かせないので、「物理学徒は黙って微分しろ」と言い直しましょうかね。ともかく、物理をやるなら「微分できるものは黙って微分する」のが基本的な心構えであるらしい。

それに、(5.1) の形のままでは「物理的に意味のある帰結を引き出すことができず、にっちもさっちも行かない」などと書いている専門書もあった。なにしろグニャグニャだから、いきなり空間全体を扱うのは難しすぎるようだ。

だから、まずは平坦な局所慣性系を微分する。微分すると、その点での微小な変化の様子がわかるので、それを隣の点、そのまた隣の点、そのまたさらに隣の点……とつないでいくことで、全体の様子を調べていくようなイメージだと、しょーた君は言う。

どうにも説明しにくいことのようだが、たぶんここで、図5-4を思い浮かべればいいんじゃないかな。大局的にはグニャグニャだけど、各点を局所的に見ると直交座標。図では各点同士の間隔が広いが、実際はこの各点がビッシリとくっつくように集まって、グニャグニャな線を形成している。その無数の点すべてに、直交座標が設定できるわけだ。その直交座標それぞれの向き（傾き）が、微分によってわかるのだろう。そういう気持ちで眺めると、たしかに各点をつないでいけば全体を把握できそうな気がしてきますよね。うんうん、勇気をもって先に進むためには「そんな気がする」のが大事だ。そんな気さえしないのでは、こんなことはやっていられない。

では、まあまあ何とな〜く納得したところで、微分するぞ。多変数関数 f の全微分の公式は、第3章の (3.24) で覚えた。x と y の2次元なら、こんな感じだ。

$$df = \frac{\partial f}{\partial x}dx + \frac{\partial f}{\partial y}dy$$

今回の f^μ は4次元だから、こうなる。

$$df^\mu = \frac{\partial f^\mu}{\partial x^0}dx^0 + \frac{\partial f^\mu}{\partial x^1}dx^1 + \frac{\partial f^\mu}{\partial x^2}dx^2 + \frac{\partial f^\mu}{\partial x^3}dx^3 \quad (5.3)$$

次にこれを総和の形で書き直しつつ f^μ に $\tilde{x}^\mu$ を代入する。それをそこに代入できるのは（5.2）の関係があるからだ。アインシュタインの規約を使って Σ を取り去るとこうなる。

$$d\tilde{x}^\mu = \frac{\partial \tilde{x}^\mu}{\partial x^\nu} dx^\nu \tag{5.4}$$

一見するとローレンツ変換よりもややこしい姿をしているので、いちいち「えっと、これ、どういう意味だっけ？」と立ち往生してしまいそうだが、たとえば「鬱」や「薔」といった画数の多い漢字を見たとき、いちいち細かい部首の意味を考える人はいない。それと同じで、この1文字で「いっぱんざひょうへんかん」と読むのだと覚えてしまおう。

ただし、ローレンツ変換の式 L^μ_ν は中身（成分）が常に同じなのに対して、一般座標変換 $\frac{\partial \tilde{x}^\mu}{\partial x^\nu}$ はそうではない。こちらは、変換式に含まれる4つの成分（$x^0 \sim x^3$）がもとの座標の関数になっている（つまり時空における各点の位置によって変換式の中身が変わる）のが、根本的な違いだ。だから「一般」は「特殊」よりも計算が凄(すさ)まじく難しくなるらしい。

5-6
いよいよ「テンソル」とご対面

第4章では、スカラーとベクトルがローレンツ変換に対する変換性によって定義されることを知った。それと同様、こんどは一般座標変換に対する変換性で定義するのだが、いよいよここからは「テンソル」というアイテムが加わる。しょーた君と最初にミーティングした夜から、ずっと心の片隅に引っかかっていた言葉だ。アインシュタイン方程式の左端にあるのが、あの「リッチ・テンソル」である。やっと、その意味を知るときが来たようです。では、あらためてその方程式を見てみよう。

$$R^{\mu\nu} - \frac{1}{2}Rg^{\mu\nu} = \frac{8\pi G}{c^4}T^{\mu\nu}$$

この式の各部分には、次のような名前がある。

$R^{\mu\nu}$：リッチ・テンソル
$g^{\mu\nu}$：メトリック（計量）もしくは計量テンソル
R：リッチ・スカラーもしくはスカラー曲率
$T^{\mu\nu}$：エネルギー・運動量テンソル

リッチ・テンソルだけでなく、$\mu\nu$の添え字があるパーツはみんな「テンソル」だ。つくば駅前のホルモン焼き店で、しょーた君がテンソルのことを「行列のお化けみたいなもの」と言っていたとおり、これは線形代数で扱うベクトルの仲間らしい。その定義にもいろいろあるようだが、私がいちばんわかりやすかったのは、ダニエル・フライシュ『物理のためのベクトルとテンソル』（河辺哲次・訳／岩波書店）という本の定義だ。それによると、まずベクトルとは「大きさ（あるいは、強さ）と向きによって特徴づけられる物理量の数学的な表現」である。それに対してテンソルは「大きさと複数の向きによって特徴づけられる物理量の数学的表現」だという。ベクトルは方向が1つだが、テンソルはそれが2つ以上ある。3つでも4つでも5つでも、とにかく方向が複数あるのがテンソルだ。

そして、テンソルが持つ方向の数のことを「ランク」という。方向が2つなら「ランク2のテンソル」だ。では「ランク1のテンソル」は何かというと、それがベクトルにほかならない。方向が1つだから、ランク1。さらに、大きさだけで方向を持たないスカラーは「ランク 0 のテンソル」だ。ちなみに日本語ではランク 2 のテンソルを「2 階のテンソル」、ランク 3 のテンソルを「3 階のテンソル」という。

1 つの矢印で描けるベクトルと違い、複数の方向を持つテンソルはイメージしにくい。しかし、その語源が「tension（張力、緊張)」だと聞くと、少しわかった気分になる。たとえば地球の内部のような固体内部のひずみやゆがみによる力を表すときにも、この概念が使われるそうだ。複数の方向に引っ張られて物体が歪む感じですかね。重力による時空の歪みも、そんなイメージかもしれない。

また、1 つの方向を持つベクトルの成分は、3 次元空間なら 3 つ、4 次元時空なら 4 つの値になる。それに対して、ランク n（方向が n 個）のテンソルの成分は、3 次元なら 3^n 個、4 次元なら 4^n 個。たとえば、第 1 章で見たリッチ・テンソル（ランク 2）の「中身」(1.2) はこうだった。

$$R^{\mu\nu} = \begin{pmatrix} R^{00} & R^{01} & R^{02} & R^{03} \\ R^{10} & R^{11} & R^{12} & R^{13} \\ R^{20} & R^{21} & R^{22} & R^{23} \\ R^{30} & R^{31} & R^{32} & R^{33} \end{pmatrix}$$

添え字の μ も ν も（4 次元時空だから）それぞれ $(0, 1, 2, 3)$ という 4 つの値を持っている。だから、$4^2 = 16$ 個の成分を持つわけだ。ランク 3 になると，成分は $4^3 = 64$ 個。その場合は成分の並び方が立方体みたいになってしまうので、紙の上（平面）に書き表すことができない。さらにランク 4 以上になると、成分の並び方をイメージするのも不可能だ。だが、計算によってその成分の数を知ることはできる。数学って、すばらしい。ランク 4 のテンソルなら、成分は 256 個だ。

5-7 スカラーとベクトルとテンソルの関係

テンソルが何なのかわかったので、一般座標変換におけるスカラー、ベクトル、テンソルの定義をしよう。第 4 章ではスカラーとベクトルをローレンツ変換に対する変換性によって定義した。スカラーは方向を持たない実数なので、座標変換に対して不変。ベクトルには反変と共変の 2 種類があり、それぞれ次の変換性があった。

$$\text{反変ベクトル：} V'^{\mu} = L^{\mu}_{\nu} V^{\nu}$$
$$\text{共変ベクトル：} V'_{\mu} = \overline{L}^{\kappa}_{\mu} V_{\kappa}$$

では、一般座標変換に対するスカラー、反変ベクトル、共変ベクトルの変換性はどんな感じなのか。ローレンツ変換と同様、スカラーは一般座標変換に対しても値が変化しない不変量だ。したがって、ある点での座標が 2 つの座標系でそれぞれ x^{μ}、$\tilde{x}^{\mu}$ と書かれるとすると、スカラー ϕ（ファイ）の変換性は $\tilde{\phi}(\tilde{x}^{\mu}) = \phi(x^{\mu})$ と表される。ϕ みたいな記号を見ると「おのれ何者だ！」という警戒心が生じるが、「座標系が違うから座標の書き方は違うけど同じ値だよ」と言っているだけだから、そんなに怖がることはないみたいです。

次は、反変ベクトル V^{μ} の変換性。これは先ほど (5.4) で見た変換式そのままである。

$$\tilde{V}^{\mu} = \frac{\partial \tilde{x}^{\mu}}{\partial x^{\nu}} V^{\nu} \tag{5.5}$$

一方、共変ベクトルは、変換式を反変ベクトルの逆数（逆行列）にすればよい。どちらも、変換式を1つの漢字だと思えばそんなに難しく見えませんよね。

$$\tilde{V}_\mu = \frac{\partial x^\nu}{\partial \tilde{x}^\mu} V_\nu \tag{5.6}$$

続いてテンソルの定義だ。ベクトルは「ランク1のテンソル」なので、ランク2以上のテンソルも基本的な変換性（変換式）の形は変わらない。ただし、ランクの数だけ「かけ算」をしなければいけないという。「ランク n」の反変テンソルは、n 個の反変ベクトルの積と同じ変換性を持つのだ。たとえばランク2の反変テンソル $T^{\mu\nu}$ の変換性は、次のようになる。反変ベクトルの変換式を2つ並べた形だ。

$$\tilde{T}^{\mu\nu} = \frac{\partial \tilde{x}^\mu}{\partial x^\kappa}\frac{\partial \tilde{x}^\nu}{\partial x^\lambda} T^{\kappa\lambda} \tag{5.7}$$

ランク3なら右辺の変換式が3つ、ランク4なら4つに増える。共変テンソルも同様で、ランク2なら次のとおりだ。共変ベクトルと同様、係数を逆数にすればよい。

$$\tilde{T}_{\mu\nu} = \frac{\partial x^\kappa}{\partial \tilde{x}^\mu}\frac{\partial x^\lambda}{\partial \tilde{x}^\nu} T_{\kappa\lambda} \tag{5.8}$$

さらに、ランク2以上のテンソルには、添え字が上と下の両方につく「混合テンソル」もある。これの変換性は、次のとおり。反変と共変の変換式が混ざった形だ。

$$\tilde{T}^\mu_\nu = \frac{\partial \tilde{x}^\mu}{\partial x^\kappa}\frac{\partial x^\lambda}{\partial \tilde{x}^\nu} T^\kappa_\lambda \tag{5.9}$$

5-8
ベクトル場の微分がテンソルにならない

いま見てきたテンソルの概念は、一般相対性原理に基づく一般相対性理論が成り立つ上で、きわめて重要な意味を持っているという。なぜなら、**一般相対性原理を満たすためには、すべての物理量がテンソルで書かれなければいけないからである！**　とても大事なことらしいので、声を張り上げてみた！

なぜ物理量をテンソルで書くかというと、テンソルは「座標系によらない量」だからだという。たぶん、どの座標系に置いても大きさの変わらないボールペンを思い出せばよいのだろう。語感がテンソルと近いから「ペンシル」のほうがいいか。ペンシルと同様、テンソルも、見かけの大きさは座標系によって変わるが実態は変わらない量であるらしい。

ここは大事なので、ある解説書から、私が「なるほど」と思えた説明を引用しておこう。

〈蟻が曲面上を歩いた軌跡を考えてみよう。この軌跡は曲面上のある曲線となる。その曲線を記述するには各瞬間における曲面上の位置を指定すればよい。また蟻の歩く速さは単位時間に蟻の歩いた距離でもって表される。このような蟻の運動は、曲面上に座標系を導入することで記述できる。ただし曲面上には無数の座標系をとることができるから、蟻の位置を表す座標の値はもちろん座標系ごとに違ってくるし、速度も座標系ごとに違った成分を持っている。**しかし蟻の運動はそもそも座標系のとり方に依存してはいないので、運動を表す量は座標系によ**

らない量でなければならない。また曲面の曲がりも曲面に内在的な性質で、座標のとり方によらない量であるはずである。このような量を表すのが、ベクトルとかテンソルである。〉

（松田卓也・二間瀬敏史『なっとくする相対性理論』講談社：太字は著者による）

また、別の解説書ではこんな言い方をしている。

〈任意の座標への変換を一般座標変換と言いますが、ベクトルの成分のようなものはそうした座標変換に伴って変化してしまいます。そこで、空間の曲がり方など、「座標変換にとらわれないもの」を表すには、ベクトルおよびその一般化であるテンソルという幾何学的実在を使う必要があります。座標に依存するベクトルの成分と、座標に依存しないベクトルそのもの、これらをきちんと区別することが相対性理論では非常に重要に

なります。〉（小林晋平『ブラックホールと時空の方程式』森北出版）

前者の「座標系を導入することで記述される蟻の運動」が、後者の「座標に依存するベクトルの成分」のことだろう。で、「そもそも座標系のとり方に依存していない蟻の運動」が「ベクトルおよびその一般化であるテンソルという幾何学的実在」だ（そしてこれが私のいうペンシルだ）。一般相対性原理が成り立つためには、物理法則をそういう物理量で記述しなければならない。ここまでは、とりあえずよしとしよう。

だが、その一般相対性原理を成り立たせる上で、じつは１つ困った問題があるのだった。それは、コレである。

「ベクトル場の微分がテンソルにならない」

ちょっと自由律俳句に見えないこともないし、「咳をしても一人」（by 尾崎放哉）の下の句に置いても味わい深い。だが短い文なのに端から端まで何を言ってるかわからん。

しょーた君によると、こういうことだ。まず、物理学でいう「場」とは、位置と時間を指定することで何らかの物理量が決まる空間のこと。位置と時間で電磁気力の大きさが決まるなら電磁場、重力の大きさが決まるなら重力場だ。そういった物理量をマッピングできるのが「場」である。そこで決まる物理量がスカラーなら「スカラー場」、ベクトルなら「ベクトル場」という。よく例に挙げられるのは天気図だ。気圧や気温はスカラーだから、気圧場や気温場はスカラー場。各点の風速と風向きを示す図はベクトル場。電磁場や重力場もベクトル場だ。

スカラー場であれベクトル場であれ、その性質を知りたければ「黙って微分しろ」である。各点の物理量は位置や時間の関数だから、それらの変数によって変化する。たとえばある時刻の気圧分布を等高線で示す「気圧場」なら（時間は変わらないので）位置という変数によって気圧の値が変わるわけだ。時系列で動かせる天気図なら、ある1点における時間変数による気圧の変化を追える。

ところで、距離の時間微分が速度、速度の時間微分が加速度であるように、ある**物理量の微分もまた物理量**である。だから、すべての物理量がテンソルで書かれることを求める一般相対性原理が成り立つためには、さまざまな「場」における微分もまたテンソルでなければいけない。

じゃあ、微分がテンソルになるかどうか見てみよう。微分したものを一般座標変換して、その変換性を調べる。反変テンソル、共変テンソル、混合テンソルのいずれかと同じ変換性を持っていれば、その微分はテンソルだ。

まずスカラー場の微分は $\frac{\partial \phi}{\partial x^{\mu}}$ だ。これを一般座標変換しよう（細かい計算プロセスは省略）。

$$\frac{\partial \tilde{\phi}(\tilde{x}^{\lambda})}{\partial \tilde{x}^{\mu}} = \frac{\partial x^{\nu}}{\partial \tilde{x}^{\mu}} \frac{\partial}{\partial \phi(x^{\lambda})} x^{\nu} \tag{5.10}$$

真ん中の変換式だけ見れば、(5.8) と同じ形だとわかる。つまり、スカラー場の微分は「共変テンソル」だ。ヨカッタヨカッタ。問題は「ベクトル場の微分」である。ちなみにベクトル場の微分は次に示す式の右辺の形になるのだが、それを左辺のように略して書くこともある。

$$\partial_{\nu} V^{\mu} \equiv \frac{\partial V^{\mu}}{\partial x^{\nu}} \tag{5.11}$$

で、これを一般座標変換すると、こんな形になります。

$$\tilde{\partial}_\nu \tilde{V}^\mu = \frac{\partial x^\kappa}{\partial \tilde{x}^\nu} \frac{\partial \tilde{x}^\mu}{\partial x^\lambda} \partial_\kappa V^\lambda + \frac{\partial x^\kappa}{\partial \tilde{x}^\nu} \frac{\partial^2 \tilde{x}^\mu}{\partial x^\kappa \partial x^\lambda} V^\lambda \quad (5.12)$$

右辺の + 以降を隠して見れば、「ベクトル V^λ の微分を座標変換したら左辺の形になりました」という見慣れた式だ。真ん中の変換式は、(5.9) と同じ形。つまり、そこだけなら「ベクトル場の微分は混合テンソル」と言える。

しかし実際には、+ 以降のややこしい要素が入っている。教科書ではこれを「余分なおつり」と表現していた。一般座標変換したときにこんな余計なものが入るのでは、テンソルとは呼べない。たしかに「ベクトル場の微分はテンソルにならない」のである。咳をしても、ならない。

5-9
「共変微分」のおかげで「接続」できました

ではなぜ、ベクトル場の微分はテンソルにならないのか。教科書によれば、「幾何学的に、微分という操作は、近接するが異なる 2 点での関数の値の差を用いて定義される。ベクトルの場合には、異なる点でのベクトルの差なので、各々異なった変換則に従う結果、テンソルにならない」のだそうだ。うーむ、よくわからない。

具体的にはこういうことだという。座標 x^μ で表される点 P での反変ベクトルの値を $V^\mu(x)$ とする。そこから微小量 δx だけ離れた点 Q の値を $V^\mu(x+\delta x)$ とすると、微分は次の式で定義される。

$$\frac{V^\mu(x+\delta x) - V^\mu(x)}{\delta x} \quad (5.13)$$

だが、この微小量 δx をかぎりなく 0 に近づけていっても、

$V^{\mu}(x+\delta x)$ と $V^{\mu}(x)$ は別の座標点だからテンソルにはならないのだという。なんでだ？

「ここはボクもよくわからないんですよね……」

大学院時代に素粒子実験を通じて特殊相対性理論には親しんでいたしょーた君だが、もともと一般相対性理論にはあまり詳しくない。だから最初に「一緒に勉強するつもりでやらせていただきます」と言っていた。ならば私も彼に頼ってばかりおらず、自分でも調べてみないといけない。

そこであれこれ参考書をめくってみると、ベクトル場の微分がうまくいかないのは、空間の各点で「基底ベクトル」が変化するためらしい。基底ベクトルとは、ある座標系の基本単位となる「大きさ 1」のベクトルのこと。基底ベクトルの違いとは、いわば「メートルとヤード」のような単位の違いみたいなものだ。たとえば 100 メートルと 35 ヤードの差を計算しようと思ったら、単位を揃えて数字を変換する必要がある。それと同じように、ベクトル場の変化を計算するときは、基底ベクトルの変化も考慮に入れなければいけない。とりあえず、私はそんなふうに理解した。

ともかく余分なおつりを解消するためには新たなスタイルの微分が必要になるらしい。それが、これから紹介する「共変微分」である。地味な印象の言葉だが、一般相対性理論の勉強では誰もが避けて通ることのできない有名な難所のようだ。せめて名称だけでも（コラコラ）よく覚えておかねば。

では、共変微分とはいかなる微分なのか。先ほど書いたとおり、P 点の $V^{\mu}(x)$ と Q 点の $V^{\mu}(x+\delta x)$ は別の座標点である。それを「同じ点」でのベクトルの差として扱えるようにしたい。そこで、P 点のベクトルを平行移動して Q 点へ移すことで同じ点での差となるよう、新たな微分を定義するという。その「平行移動」を次のように表すそうだ。

$$\overline{V}^{\mu}(x+\delta x) \equiv V^{\mu}(x) + \bar{\delta} V^{\mu}(x) \tag{5.14}$$

右辺の $\bar{\delta} V^{\mu}(x)$ が、$V^{\mu}(x)$ を平行移動させたときの「移動分」だ。したがって左辺はその「移動先」を表すベクトルである。うん、まあ、そういうことになるよね。で、移動分の $\bar{\delta} V^{\mu}(x)$ は、δx と V^{μ} に比例するらしい。すると、この移動分を次のように一般に表すことができるんですって。

$$\bar{\delta} V^{\mu}(x) \equiv -\Gamma^{\mu}_{\nu\lambda}(x) V^{\nu}(x) \delta x^{\lambda} \tag{5.15}$$

……はあああああああ!?　な、何ですか、右辺にいきなり登場したこのケッタイな記号は！「ガンマ」と読むらしいけど、風体が怪しすぎる。見てると心がザワついてくるし、く、く、首筋のあたりが痒(かゆ)いような気がしなくもない。つ、ついに、身体的な拒絶反応が出たのか？

まあ、落ち着こう。教科書には「係数 $\Gamma^{\mu}_{\nu\lambda}(x)$ は接続と呼ばれる量である」と書いてある。そ、そうか。け、係数だよなこれは。前出のダニエル・フライシュ『物理のためのベクトルとテンソル』によると、共変微分では基底ベクトルも微分する。これは、もとの基底ベクトルとは別のベクトルになるそうだ。そのため、基底ベクトルの微分はもとの基底ベクトルに重みをつけた線形結合で記述される。その重みを表す係数が接続だ。これによって、別の座標点であるP点の $V^{\mu}(x)$ とQ点の $V^{\mu}(x+\delta x)$ が「同じ点」でのベクトルの差として扱えるようになるのだった。

それを踏まえて、反変ベクトル V^{μ} の共変微分がどう表されるか見てみよう。左端の逆三角形の記号は「ナブラ」と読む。これが共変微分の目印だ。

$$\nabla_\nu V^\mu \equiv \lim_{\delta x^\nu \to 0} \frac{V^\mu(x+\delta x) - \overline{V}^\mu(x+\delta x)}{\delta x^\nu} \tag{5.16}$$

右辺の分子の右側は（5.14）の左辺だ。したがって（5.16）は次のように変形できる。

$$\nabla_\nu V^\mu = \lim_{\delta x^\nu \to 0} \frac{V^\mu(x+\delta x) - \left\{V^\mu(x) + \overline{\delta} V^\mu(x)\right\}}{\delta x^\nu} \tag{5.17}$$

そして、これは次のように整理できるのだった。

$$\nabla_\nu V^\mu = \lim_{\delta x^\nu \to 0} \frac{V^\mu(x+\delta x) - V^\mu(x)}{\delta x^\nu} - \lim_{\delta x^\nu \to 0} \frac{\overline{\delta} V^\mu(x)}{\delta x^\nu} \tag{5.18}$$

おお、こうして分けて書くと、式の中身がよくわかる。右辺の第1項は、（5.13）で示した「フツーの微分」だ。ベクトル V^μ のフツーの微分は（5.11）のこれですよね。

$$\partial_\nu V^\mu \equiv \frac{\partial V^\mu}{\partial x^\nu}$$

第1項にこれの左辺を代入し、第2項の分子には（5.15）の右辺を代入します！

$$\nabla_\nu V^\mu = \partial_\nu V^\mu + \Gamma^\mu_{\lambda\nu} V^\lambda \tag{5.19}$$

これが反変ベクトルの共変微分である。一方、共変ベクトルの共変微分はこんな定義。接続の前につく符号がマイナスになる。

$$\nabla_\nu V_\mu \equiv \partial_\nu V_\mu - \Gamma^\lambda_{\mu\nu} V_\lambda \tag{5.20}$$

残念ながら、理解できたとはまったく言えない。でも相対性理論における「接続」の重要性だけはわかったつもりだ。これのおかげで共変微分という新たな微分が可能になり、それによって「ベクトル場の微分がテンソルにならない」という前衛俳句的困難が回避できるのだった。ありがとう、接続！

第6章 リーマン曲率テンソルとメトリック

6-1 ユークリッド幾何学からリーマン幾何学へ

「オレ、こう見えてあんがい理系の話もできるんだぜ」と物知りアピールをしたい文系人間が一般相対性理論について語るなら、前章で説明した次の話だけで十分だろう。

曰く、重力の正体は「引力」ではなく「潮汐力」であり、潮の満ち引きが起こるメカニズムを見てもわかるとおり、重力は時空を歪めてしまうのだよワトソン君——。

それが数年前までの私だ。だが、ヨコガキの方程式に取り組んでしまったいまでは、もうそれだけでは済まない。アインシュタイン方程式の左辺は時空の曲がり具合を示しているのだから、この方程式があれば、潮汐力の効果を具体的に計算できるのだろう。「重力は時空を歪める」という説明が定性的な話にすぎないのに対して、その曲がり具合の計算は定量的な話だ。そこがタテガキとヨコガキの大きな違いである。それナシでは、もはや理系の話をした気になれない。

そして、時空の曲がり具合を定量的に表す概念のひとつが、これから勉強する「曲率」なのだそうだ。アインシュタインが1912年から勉強に取り組んだリーマン幾何学の真骨頂みたいなテーマだという。グニャグニャな空間の曲がり具合を定量化するのはなかなか大変そうだ。

「そのために、ベクトルの平行移動について考えます」

しょーた君が告げた。ベクトルを平行移動させて何が起こるのかわからないが、とりあえず、ユークリッド幾何学とリーマン幾何学では、それがまったく違う話になるらしい。

まず、ユークリッド幾何学だ。これは誰もが小学生の頃から馴染んでいるふつうの幾何学である。平面の幾何学なので、あるベクトルをどんなに平行移動させても、その向きが変わることはない。たとえば図6-1のように、$x \rightarrow y \rightarrow z$と2段階で平行移動させたベクトルは、$x \rightarrow z$と平行移動させたベクト

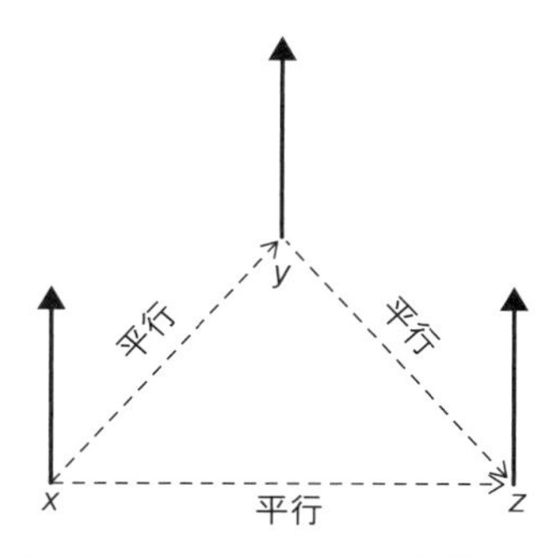

図6-1　ベクトルを$x \rightarrow y$、$y \rightarrow z$と平行移動させればxとzも平行

ルと完全に一致する。

では、リーマン幾何学で扱う曲面上ではどうか。ここでは曲面の中でもいちばんシンプルな球面について考えるが、そこではユークリッド幾何学の「あたりまえ」が通用しない。たとえば、三角形の内角の和がそうだ。ユークリッド幾何学では180度だが、球面上ではそれより大きくなる。手元に地球儀があったら、北極と赤道上の2点を結ぶことで、内角の和が270度、つまり3つの角がすべて直角の三角形が描けることをたしかめてみてください。北極で直角に交わる2つの辺が、いずれも赤道と直角に交わるのだ。

これはつまり、ユークリッド幾何学の平行線公準（1つの線分が2つの直線に交わり、同じ側の内角の和が2直角より小さいならば、この2つの直線は限りなく延長されると、2直角より小さい角のある側において交わる）が、曲面では通用しないことを意味している。**「同じ側の内角の和が2直角」なのに、この2直線が平行にならずに交わるから**、さっきの「内角の和が270度の三角形」を描けるのである。

平行線公準が通用しないのだから、ベクトルの平行移動も平面のようにはいかない。図6-2では、赤道に垂直なベクトルを北極まで平行移動させたらどうなるかを、2つの経路で示している。始点は赤道上の点x。第1の経路では、まず経線に沿って点yまで移動し、北極点zに到達。第2の経路では、赤道上をx'まで移動してからy'を経由して北極点z'に到達する。すべて「平行移動」したはずだ。それなのに、終点でのベクトルの向きは同じではない。

これが、平面と曲面の違いだ。**こうして別の経路で平行移動したベクトル同士のズレ具合は、空間の曲がり具合によって**

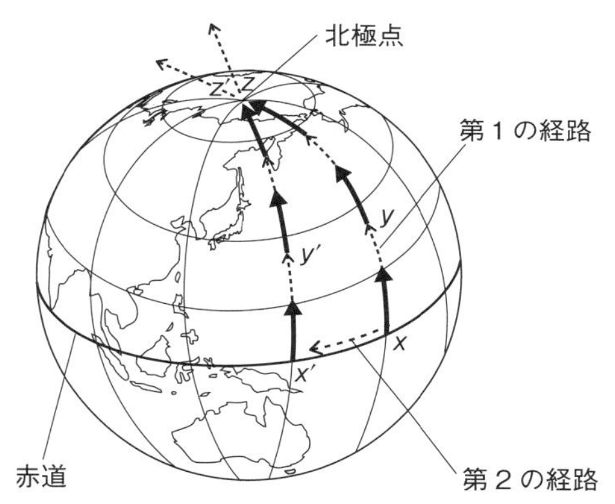

図 6-2　地球に張りついた巨大なベクトルの平行移動
（杉山直『講談社基礎物理学シリーズ 9 相対性理論』を改変）

変わるだろう。したがって、そのベクトルのズレ具合を調べれば、空間の曲がり具合を定量化できるはずだ。なるほど、頭いいじゃん！（おまえは何様だよ）

6-2 リーマン曲率テンソルは添え字が 4 つ!

いまの例では地球に張りついた巨大なベクトルを赤道から北極まで豪快に平行移動させたが、これからは極小範囲での平行移動を考える。図 6-3 のように、その経路は 2 つ。d も δ も微小変化を表す記号である。ルート 1 はまず dx だけ動かしてから、さらに δx だけ移動。ルート 2 では先に δx だけ動かしてから、次に dx だけ動かす。

ルート 1：$x \to x + dx \to x + dx + \delta x$
ルート 2：$x \to x + \delta x \to x + \delta x + dx$

経路は異なるが、行き先は同じだ。そこでベクトル $V^\mu(x)$

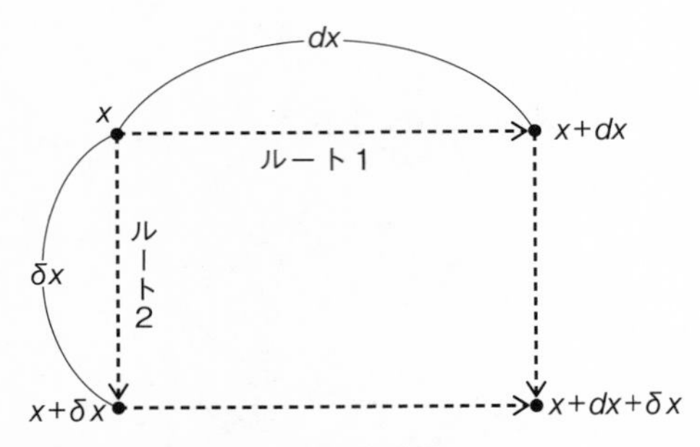

図 6-3 極小範囲でのベクトルの平行移動

の向きがルート 1 と 2 でどれだけズレるかを調べるのである。……ど、どうやって？

ここで、前章の（5.14）と（5.15）が役に立つらしい。

$$\overline{V}^{\mu}(x+\delta x) \equiv V^{\mu}(x) + \bar{\delta} V^{\mu}(x) \quad (5.14)$$

$$\bar{\delta} V^{\mu}(x) \equiv -\Gamma^{\mu}_{\nu\lambda}(x) V^{\nu}(x) \delta x^{\lambda} \quad (5.15)$$

式 (5.14) の左辺は平行移動したベクトルの「移動先」、(5.15) はその「移動分」を意味していた。そこで（5.14）に（5.15）を代入すると、こうなる。

$$\overline{V}^{\mu}(x+\delta x) = V^{\mu}(x) - \Gamma^{\mu}_{\nu\lambda}(x) V^{\nu}(x) \delta x^{\lambda} \qquad (6.1)$$

これがベクトルの平行移動を表す式だ。「$V^{\mu}(x)$ の行き先は左辺のこれですよ」と言っている。そこで、まずルート 1 の最初の移動先である（$x+dx$）を左辺に入れてみよう。(6.1）の δ が d に変わるだけだ。

$$\overline{V}^{\mu}(x+dx) = V^{\mu}(x) - \Gamma^{\mu}_{\nu\lambda}(x) V^{\nu}(x) dx^{\lambda} \qquad (6.2)$$

ここから次の移動先である $x + dx + \delta x$ に平行移動すると、スタート地点が（6.2）の左辺になるので、次の式になる。

$$\overline{V}^{\mu}(x+dx+\delta x) = \overline{V}^{\mu}(x+dx) - \Gamma^{\mu}_{\nu\lambda}(x+dx)\overline{V}^{\nu}(x+dx)\delta x^{\lambda} \tag{6.3}$$

これの右辺に、（6.2）の右辺を代入するのだが、えっとー、なんかー、（6.3）の右辺にある Γ の部分をテイラー展開するとー、こうなるんだってー。

$$\Gamma^{\mu}_{\nu\lambda}(x + dx) = \Gamma^{\mu}_{\nu\lambda}(x) + \partial_{\kappa}\Gamma^{\mu}_{\nu\lambda}(x)dx^{\kappa} \tag{6.4}$$

女子高生口調でごまかしてはいけませんね。突如出現したテイラー展開とは、**関数 $\boldsymbol{f(x)}$ のある点 $\boldsymbol{x_0}$ からちょっと（$\boldsymbol{h}$ の分だけ）ズレた点 $\boldsymbol{x_0 + h}$ での $\boldsymbol{f}$ の値 $\boldsymbol{f(x_0 + h)}$ を、$\boldsymbol{x_0}$ の点における $\boldsymbol{f}$ およびその導関数の値で表現するテクニック**のことらしい。うーむ。自分で書きながら謎が深まるばかりだ。でも、しょーた君に次の式を教わったら、その雰囲気だけはつかめた。

$$f(x_0 + h) = f(x_0) + \frac{1}{1!}f'(x_0)h + \frac{1}{2!}f''(x_0)h^2 + \frac{1}{3!}f'''(x_0)h^3 + \cdots \tag{6.5}$$

階乗（$n!$ の階乗は 1 から n までの全整数のかけ算）される分母と、f につくプライムの数（微分の階数を表す）と、h の指数がいずれも 1 ずつ増えていく。なんかー、この計算が無限に続くのがー、テイラー展開なんだってー。

無限の計算と聞くと頭がボーッとしてくるが、テイラー展開が便利なのは、値が極端に小さくなる項を無視して、近似式にできることだという。しかも、h^2 が出てくる第 3 項以降を無視してしまうのだからありがたい。もともと h は微小な値だから、2 乗すると無視できるレベルになるのだ（たとえば h が 0.01 ぐらいの小数だと思えば、その感覚はわかる）。したがって、(6.5) の近似式はこうなる（左辺と右辺をつなぐ真ん中の記号は等号が重力で歪んだわけではなく、「だいたい同じ」という意味だ。人の心を和ませるそのアバウトさが好きです）。

$$f(x_0 + h) \simeq f(x_0) + f'(x_0)h \tag{6.6}$$

(6.6) の左辺を (6.4) の左辺 $\Gamma^{\mu}_{\nu\lambda}(x + dx)$ に入れ替えれば、テイラー展開の近似式が (6.4) になるのはそれなりに納得できる。(6.6) ではプライムで表された微分が、(6.4) では ∂ で表されているわけだ。

何をしていたのか忘れそうだが、その (6.4) と (6.2) を (6.3) に代入するのが、当面のミッションだった。えらいことになるけど、ここは一気に行くぜ！

$$\begin{aligned}
&\overline{V}^{\mu}(x + dx + \delta x) \\
&= V^{\mu}(x) - \Gamma^{\mu}_{\nu\lambda}(x)V^{\nu}(x)dx^{\lambda} \\
&\quad - (\Gamma^{\mu}_{\nu\lambda}(x) + \partial_{\kappa}\Gamma^{\mu}_{\nu\lambda}(x)dx^{\kappa}) \\
&\qquad \times \bigl(V^{\nu}(x) - \Gamma^{\nu}_{\tau\eta}(x)V^{\tau}(x)dx^{\eta}\bigr)\delta x^{\lambda} \\
&= V^{\mu} - \Gamma^{\mu}_{\nu\lambda}V^{\nu}dx^{\lambda} - \Gamma^{\mu}_{\nu\lambda}V^{\nu}\delta x^{\lambda} \\
&\quad - \partial_{\kappa}\Gamma^{\mu}_{\nu\lambda}V^{\nu}dx^{\kappa}\delta x^{\lambda} + \Gamma^{\mu}_{\nu\lambda}\Gamma^{\nu}_{\tau\eta}V^{\tau}dx^{\eta}\delta x^{\lambda}
\end{aligned} \tag{6.7}$$

わっはっは。凄まじい風景だ。でも、しょーた君の書く式を横目で見ながら自分で手を動かして一生懸命に書き写していると、そこはかとなく「この式が言いたいこと」がじわじわと伝わってくるのだった。宇宙の「母語」の響きに自分の魂が共鳴するような心地よさがある（大丈夫なのか私）。

とにかくこれが、ルート1によるベクトルの行き先である。次にルート2のほうの行き先だが、これは（6.7）の dx と δx を入れ替えるだけのことだ。すると、両者の平行移動の差は次のようになるそうです。

$$
\begin{aligned}
&\overline{V}^{\mu}(x+dx+\delta x)-\overline{V}^{\mu}(x+\delta x+dx)\\
&=\left(-\partial_{\kappa}\Gamma^{\mu}_{\nu\lambda}V^{\nu}dx^{\kappa}\delta x^{\lambda}+\Gamma^{\mu}_{\nu\lambda}\Gamma^{\nu}_{\tau\eta}V^{\tau}dx^{\eta}dx^{\lambda}\right)\\
&\quad-\left(-\partial_{\kappa}\Gamma^{\mu}_{\nu\lambda}V^{\nu}\delta x^{\kappa}dx^{\lambda}+\Gamma^{\mu}_{\nu\lambda}\Gamma^{\nu}_{\tau\eta}V^{\tau}\delta x^{\eta}dx^{\lambda}\right)\\
&=\left(\partial_{\lambda}\Gamma^{\mu}_{\nu\kappa}-\partial_{\kappa}\Gamma^{\mu}_{\nu\lambda}+\Gamma^{\mu}_{\eta\lambda}\Gamma^{\eta}_{\nu\kappa}-\Gamma^{\mu}_{\eta\kappa}\Gamma^{\eta}_{\nu\lambda}\right)V^{\nu}\delta x^{\lambda}dx^{\kappa}
\end{aligned}
\tag{6.8}
$$

これが、「別々の経路で平行移動したベクトルのズレ」である。この式の最後のカッコ内（係数）こそが空間の曲がり具合、つまり「曲率」を表している。これを「リーマン曲率テンソル」と呼び、次のように書くのだった。じゃーん。

$$
R^{\mu}_{\nu\lambda\kappa}=\partial_{\lambda}\Gamma^{\mu}_{\nu\kappa}-\partial_{\kappa}\Gamma^{\mu}_{\nu\lambda}+\Gamma^{\mu}_{\eta\lambda}\Gamma^{\eta}_{\nu\kappa}-\Gamma^{\mu}_{\eta\kappa}\Gamma^{\eta}_{\nu\lambda}
\tag{6.9}
$$

左辺にいきなり上付き添え字1つ、下付き添え字3つをテンコ盛りにしたランク4のテンソルが登場したのでギョッとした。なぜ添え字が4つもつくの？

「右辺をよく見ると、そこには $\mu, \nu, \lambda, \kappa, \eta$ という5種類の添え字がありますよね。そのうち、後ろの2つの項に出てくる η は上下のかけ算で消えてしまうため、左辺には η 以外の 4 つの添え字が残るわけです」

あー、本当だ。添え字のしくみも、なかなか面白い。

6-3

グニャグニャな時空のメトリック

ところで、空間の曲がり具合を表す数学的アイテムは、いま導出したリーマン曲率テンソルだけではない。アインシュタイン方程式の左辺に登場する $g^{\mu\nu}$、すなわち「メトリック（計量）テンソル」もそうだ。すでに学んだとおり、メトリックとは「距離を決める基本要素」のこと。特殊相対性理論では、4 次元時空での微小距離 ds を次のように書いた。

$$ds^2 = \eta_{\mu\nu} dx^\mu dx^\nu \quad (4.13)$$

この $\eta_{\mu\nu}$ が、ミンコフスキー・メトリックだ。その中身は、こんな行列だった。

$$\eta_{\mu\nu} = \begin{pmatrix} -1 & 0 & 0 & 0 \\ 0 & 1 & 0 & 0 \\ 0 & 0 & 1 & 0 \\ 0 & 0 & 0 & 1 \end{pmatrix} \quad (4.12)$$

前にこの話をしたとき、「一般相対性理論になるとメトリックは複雑な形を取る」という不吉な予告があった。その時がとうとうやって参りました。ミンコフスキー時空と違って、一般相対論ではメトリックが x^μ（場所や時間）の関数になるので、微小距離 ds（x^μ と $x^\mu + dx^\mu$ の距離）は、正式には次のように書く（ただし (x) を省略することも多い）。

$$ds^2 = g_{\mu\nu}(x) dx^\mu dx^\nu \qquad (6.10)$$

ミンコフスキー・メトリックは場所や時間の関数ではなく、ミンコフスキー時空上のどの点でも同じだから（4.12）のように成分が決まっていた。だが、こんどのメトリックは時空の関数なので成分は次の一般的な形でしか書けない。

$$g_{\mu\nu} = \begin{pmatrix} g_{00} & g_{01} & g_{02} & g_{03} \\ g_{10} & g_{11} & g_{12} & g_{13} \\ g_{20} & g_{21} & g_{22} & g_{23} \\ g_{30} & g_{31} & g_{32} & g_{33} \end{pmatrix} \tag{6.11}$$

「メトリックが場所や時間の関数になる」とは、この各成分の値が時空の各点ごとに異なるという意味。「距離を決める基本要素」の中身が各点ごとに違うのだから、やはりグニャグニャな時空は扱いが難しそうだ。

ただし、計算される成分は $4 \times 4 = 16$ 個よりも少ない。メトリックは対称テンソルであり、01 と 10、12 と 21 など、μ と ν を入れ替えた成分は同じなので、そのうち 1 つだけカウントすればよいそうだ。したがって、各点ごとの距離を決める成分は 10 個。もちろん、それでも計算は大変だ。この成分が 10 個あるから、アインシュタイン方程式は「10 個の連立方程式をひとつにまとめて表現したもの」になっているらしい。あわわ。

ところで、メトリックによって決まるのは 2 点間の距離だけではない。ベクトルの長さ（自分自身との内積）もこれによって定義される。反変ベクトル V^μ の長さ V はこうだ。

$$V^2 = g_{\mu\nu} V^\mu V^\nu \tag{6.12}$$

また、ミンコフスキー・メトリックもそうだったように、共変テンソルであるメトリックは、反変ベクトルを共変ベクトルに変える役割を果たす。

$$V_\mu = g_{\mu\nu} V^\nu \tag{6.13}$$

逆に、添え字を上つきにした反変テンソルの $g^{\mu\nu}$ は、共変ベクトルを反変ベクトルに変える（カッコ内は $g^{\mu\nu}$ が $g_{\mu\nu}$ の逆行列であることを示す定義式）。

$$V^\mu = g^{\mu\nu} V_\nu \qquad (g_{\mu\nu} g^{\nu\lambda} = \delta_\mu^\lambda) \tag{6.14}$$

6-4 接続がクリストッフェル記号になるとき

ここで、時空の曲がり具合を表すリーマン曲率テンソルの式 (6.9) をあらためて見てみよう。

$$R^\mu_{\nu\lambda\kappa} = \partial_\lambda \Gamma^\mu_{\nu\kappa} - \partial_\kappa \Gamma^\mu_{\nu\lambda} + \Gamma^\mu_{\eta\lambda}\Gamma^\eta_{\nu\kappa} - \Gamma^\mu_{\eta\kappa}\Gamma^\eta_{\nu\lambda}$$

ご覧のとおり、その中身には「接続」がぎっしりと詰まっている。一方、メトリックのほうは、接続との関係がリーマン曲率テンソルとは逆になるのが面白い。リーマン曲率テンソルは接続を並べた式で表され、接続はメトリックを並べた式で表されるのだ。これを導出する計算のプロセスはあまりに長いので、結論だけお届けしましょう。

$$\Gamma^\mu_{\nu\lambda} = \frac{1}{2} g^{\mu\kappa} (\partial_\lambda g_{\kappa\nu} + \partial_\nu g_{\kappa\lambda} - \partial_\kappa g_{\lambda\nu}) \tag{6.15}$$

リーマン曲率テンソルのなかに詰まっている接続のなかには、メトリックがぎっしり詰まっているのだった。

上の式の左辺のようにメトリックから導かれる $\Gamma^{\mu}_{\nu\lambda}$ のような接続のことを、とくに「クリストッフェル記号」と呼ぶ。これも、いかにも相対論コミュニティっぽいギョーカイ用語のひとつだ。タテガキの入門書には絶対に出てこない言葉なので、本書を読んだ記念として大切にお持ち帰りください。

それにしても、メトリックからクリストッフェル記号が導かれ、クリストッフェル記号からリーマン曲率テンソルが導かれる……という重層的な関係性には、時空の歪みが持つ深みを感じずにはいられない。

しかも、(6.9) と (6.15) は、いずれも微分を含んでいる。メトリックを微分するとクリストッフェル記号になり、そのクリストッフェル記号を微分するとリーマン曲率テンソルになるのだった。

「つまり、メトリックを 2 階微分するとリーマン曲率テンソルになるんです！」

しょーた君が、めずらしくコーフン気味に言う。何でも「黙って微分」する宿命を背負う物理学徒は、こういうところで感動するようだ。そういえば、力の根源である加速度も、距離を時間で 2 階微分したものだった。2 階微分とは、何やら「根源」めいたものに肉迫する手段なのだろうか？

ともあれ、どちらも曲がった空間を表すメトリックとリーマン曲率テンソルがそんな関係にあるのは、物理学徒ではない私にとっても、たしかに面白い。自然界の深淵を覗き込んでいるような気分である。

6-5
リッチ・テンソルと「ビアンキの恒等式」

ところで、ランク4のリーマン曲率テンソルを見たとき、私はすぐにリッチ・テンソルとの関係が気になった。時空の曲率を表すリーマン曲率テンソルは、そのままアインシュタイン方程式に使われていてもよさそうなものである。ところが実際に方程式に入っているのは、ランクを2つ下げたリッチ・テンソルだ。これはいったいどういうことなのか。

そこにはさまざまな意味があるようだが、テンソルのランクを下げると方程式が扱いやすくなるのはたしかなようだ。ランク4のテンソルには256個もの成分があるので、そのままでは計算が大変すぎて手に負えないという。

ただし、リーマン曲率テンソルにはいくつかの対称性があるので、実際の成分はもっと少ないそうだ。そういえば、ランク

2のテンソルであるメトリックも対称テンソルなので、16個ではなく10個の成分しか持たなかった。リーマン曲率テンソルもそれと同じようなことである。ただしその対称性はいろいろあってちょっと複雑だ。

教科書によると、まず（6.9）の式から、ただちに次の関係が導かれるという。

$$R^{\mu}_{\nu\lambda\kappa} = -R^{\mu}_{\nu\kappa\lambda} \tag{6.16}$$

たしかに、(6.9）のλとκを入れ替えてみると、全項の符号が逆になることがわかる（パズルみたいで面白い)。また、クリストッフェル記号の対称性からは次の関係が得られるんですってよ。

$$R^{\mu}_{\nu\lambda\kappa} + R^{\mu}_{\kappa\nu\lambda} + R^{\mu}_{\lambda\kappa\nu} = 0 \tag{6.17}$$

さらに天下り情報は続く。まず、混合テンソルであるリーマン曲率テンソルをメトリックによって共変テンソル（添え字がすべて下つき）にするぞ。

$$R_{\mu\nu\lambda\kappa} = g_{\mu\tau}R^{\tau}_{\nu\lambda\kappa} \tag{6.18}$$

「上下に出てくる添え字は消える」というルールを思い出そう。だから、右辺のτは左辺に出てこない。で、この共変テンソルは次のように表されるそうだ。

$$\begin{aligned}R_{\mu\nu\lambda\kappa} = &\frac{1}{2}(\partial_\nu\partial_\lambda g_{\mu\kappa} + \partial_\mu\partial_\kappa g_{\nu\lambda} - \partial_\mu\partial_\lambda g_{\nu\kappa} - \partial_\nu\partial_\kappa g_{\mu\lambda})\\ &+ g_{\eta\tau}\left(\Gamma^{\eta}_{\mu\kappa}\Gamma^{\tau}_{\nu\lambda} - \Gamma^{\eta}_{\mu\lambda}\Gamma^{\tau}_{\nu\kappa}\right)\end{aligned} \tag{6.19}$$

この関係式を使うと、次のことがわかるらしい。

$$R_{\mu\nu\lambda\kappa} = R_{\lambda\kappa\mu\nu}$$
$$R_{\mu\nu\lambda\kappa} = -R_{\nu\mu\lambda\kappa}$$
$$R_{\mu\nu\lambda\kappa} = -R_{\mu\nu\kappa\lambda}$$
$$R_{\mu\nu\lambda\kappa} + R_{\mu\kappa\lambda\nu} + R_{\mu\lambda\kappa\nu} = 0 \tag{6.20}$$

よく見ると、4つの添え字のうち前の2つの組（$\mu\nu$）、後ろの2つの組（$\lambda\kappa$）はそれぞれ入れ替えに対して反対称（入れ替えると符号が逆）、2つの組ごとの入れ替え（$\mu\nu \leftrightarrow \lambda\kappa$）に対しては対称（符号が同じ）になっている。ならば前半と後半に分けられる四字熟語で考えると、ギリシャ文字よりわかりやすいかもしれない。

$$R_{\text{空前絶後}} = R_{\text{絶後空前}} \quad \text{（対称）} \quad \mu\nu \leftrightarrow \lambda\kappa$$
$$R_{\text{空前絶後}} = -R_{\text{前空絶後}} \quad \text{（反対称）} \quad \mu \leftrightarrow \nu$$
$$R_{\text{空前絶後}} = -R_{\text{空前後絶}} \quad \text{（反対称）} \quad \lambda \leftrightarrow \kappa$$
$$R_{\text{空前絶後}} + R_{\text{空後絶前}} + R_{\text{空絶後前}} = 0$$

思ったほどわかりやすくならなかったけど、みんなも「豊年満作」「酒池肉林」「疫病退散」とかで遊んでみてネ！

ともかく、**これらの対称性を考慮すると、リーマン曲率テンソルの独立な成分は（4次元時空の場合）256個からなんと20個まで減少する**という。しかし、それでもまだ多い。そこで（共変の）リーマン曲率テンソルに反変のメトリックをかけることでランク2に下げたのが、あのリッチ・テンソルなのだった。その定義式はこうである。

$$R_{\mu\nu} \equiv R^{\kappa}_{\mu\kappa\nu} = g^{\kappa\eta} R_{\eta\mu\kappa\nu} \tag{6.21}$$

右から順に、添え字によく注意しながら見てみよう。まず上下にある η が消えて真ん中の混合テンソルの形になり、次にやはり上下にある κ が消えて左端の形になったわけだ（κ と η はどちらを先に消してもかまわない）。

こうしてメトリックをかけて、上下に出てくる添え字を消すことを「縮約を取る」という。この作業の意味は説明や理解がなかなか難しいのだが、下の式（6.12）を見ると、何となくわかるような気がしなくもない。メトリックにはベクトルの長さ（自分自身との内積）を定義する役割があった。

$$V^2 = g_{\mu\nu}V^\mu V^\nu$$

同じ添え字を持つメトリックをかけると、ベクトルが「長さ」というスカラーになる。つまり、ランクが 1 から 0 に下がったわけだ。たしかに「縮約」された感じがしますよね。微小距離を表すこの式（6.10）も同じである。

$$ds^2 = g_{\mu\nu}(x)dx^\mu dx^\nu$$

ベクトルにメトリックをかけることで、その時空を特徴づける微小距離というスカラーを得ることができた。ランク 4 のリーマン曲率テンソルにメトリックをかけて縮約を取り、ランク 2 のリッチ・テンソルにするのも、これと似たような作業だと思えばよさそうだ。なんというか、本質に迫れそうなシンプルさが表現される感じ、とでも言いましょうか。

こうして得られたリッチ・テンソルも（メトリックと同様に）対称テンソルなので、成分は 10 個である。リーマン曲率テンソルでは 256 個あった成分がさまざまな対称性によって 20 個まで激減し、リッチ・テンソルではその半分になった。それでもアインシュタイン方程式が「10 個の連立方程式」という扱いにくい代物であることに変わりはないが、ずいぶんスッキリした形になったことは間違いない。

さらにこのリッチ・テンソルにメトリックをかけて縮約を取ると、アインシュタイン方程式のパーツがもう 1 つ定義される。リッチ・スカラー（スカラー曲率）R だ。

$$R \equiv R^{\mu}_{\mu} = g^{\mu\eta} R_{\eta\mu} \tag{6.22}$$

ところで、共変なリーマン曲率テンソルには、共変微分すると次のような関係が成り立つ性質があるという。

$$\nabla_{\lambda} R_{\mu\nu\kappa\eta} + \nabla_{\eta} R_{\mu\nu\lambda\kappa} + \nabla_{\kappa} R_{\mu\nu\eta\lambda} = 0 \tag{6.23}$$

μ と ν の位置は固定で、η, λ, κ の 3 つが入れ替わっている。いわば「$\mu\nu$」という苗字を持つ三つ子の名前みたいなものだ。試しに私の苗字を $\mu\nu$ に代入してみよう。λ・κ・η には、それぞれ峻・太・郎を入れます。

$$\nabla_{\text{峻}} R_{\text{深川太郎}} + \nabla_{\text{郎}} R_{\text{深川峻太}} + \nabla_{\text{太}} R_{\text{深川郎峻}} = 0$$

これを「フカガワの恒等式」……ではなく、「ビアンキの恒等式」という。恒等式とは、変数がどんな値でも常に両辺が等号で結ばれる式のこと。ビアンキは 19 世紀に活躍したイタリアの数学者ルイジ・ビアンキのことだ。この恒等式自体を考えたのは別の人という説もあるらしく、ビアンキさんの貢献度はよくわからないのだが、ヨコガキの解説書には必ず（しかし説明抜きで）出てくる名前なので、アインシュタイン方程式を後ろからそっと見守る守護霊みたいな印象がある。

それはともかく、このビアンキの恒等式の縮約を取ると、次のような形になるそうです。ビックリするよ。

$$\nabla_\nu \left(R^{\mu\nu} - \frac{1}{2} g^{\mu\nu} R \right) = 0 \tag{6.24}$$

なんと！　突如カッコ内に、アインシュタイン方程式の左辺が！　つまり、あの方程式の左辺は「共変微分するとゼロになる」のである。だ、だから何なんだ？　さっぱりわからないが、左辺の鍵を握っていそうなビアンキの恒等式、絶対に忘れてはならぬ。

第7章 測地線方程式とエネルギー・運動量テンソル

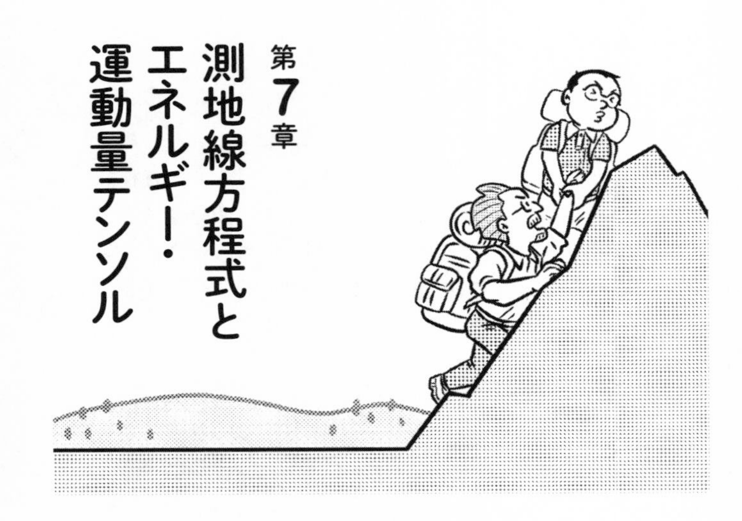

7-1 この段階でまさかの「積分入門」

前章では、アインシュタイン方程式の左辺に並ぶパーツのことがかなりわかった。次は右辺を攻めるべし！　……となりそうなものだが、そうは問屋が卸さない。教科書を見ると、アインシュタイン方程式の全体像に取りかかる前に別の方程式に取り組まなければいけないようだ。方程式を読むために、別の方程式を読む。方程式の底なし沼である。

ここで立ちふさがる難敵の名は、「測地線方程式」だ。しょーた君によると、相対論における測地線方程式は、非相対論におけるニュートンの運動方程式（$F = ma$）のような位置づけとのこと。教科書には「重力場が存在する場合に、質点や光が重力の影響を受けてどのような経路を取るのかを表す式」と書いてある。その経路を測地線と呼ぶようだ。そんな大事なものなら、私もその経路を避けて通ってはいけない（ちょっとうまいこと言ったつもり）。

ただし、測地線という概念は重力場の経路だけを意味するわけではない。一般的には「2点を結ぶ最短距離となる経路」のことだという。この方程式のせいでちょっと迂回させられた気分の私にとっては、やや皮肉だ。

それにしても、世間ではふつう「2点を結ぶ最短距離」のことを「直線」と呼ぶ。それと測地線は何が違うのか。

じつは、2点を結ぶ直線が最短距離になるのは、平坦な空間を扱うユークリッド幾何学での話なのだった。そして、ユークリッド幾何学で記述できる空間は決して一般的なものではない。それはむしろ特殊な空間だ。そのことを、前章では三角形の内角の和を通じて学んだ。それが180度になるのはあたりまえのことではない。たまたま曲率がゼロになっている空間でだけ、三角形の内角の和は180度になる。

それと同様、直線が最短距離になるのも、じつは特殊な（つまり平坦な）世界だけのお話だ。曲がった空間では、基本的に、曲線が最短距離になる。つまり、ユークリッド幾何学の世界だけで通用する特殊な「直線」という概念を一般化したのが「測地線」という概念なのだ。「直線という概念を一般化する」って、ビックリするような話だと思いません？　まさか「直線」などという一般的っぽい概念がさらに一般化されるなんて思わないじゃありませんか。三角形の内角の和もそうだったが、リーマン幾何学のジョーシキ転覆力おそるべし、である。

では、曲がった空間で2点間を最短距離で結ぶ測地線とは、いかなるものか。それを考えるにあたって、しょーた君はまず、やや懐かしさを感じる式を書いてみせた。微小量の不変間隔だ。これには「線素」という別名もあるとのこと。つまり、距離を決める単位みたいなものだ。

$$
\begin{aligned}
& ds^2 = g_{\mu\nu} dx^\mu dx^\nu \\
& \Rightarrow ds = \sqrt{g_{\mu\nu} dx^\mu dx^\nu}
\end{aligned}
\tag{7.1}
$$

さらに、しょーた君は何やら折れ曲がった線を書いた。

「グニャグニャに曲がった空間では、点Pと点Qを最短距離で結ぶ経路が、こんなふうになっているかもしれません（図7-1）」。とても最短ルートには見えないが、曲がった空間とはそういうものなのだろう。

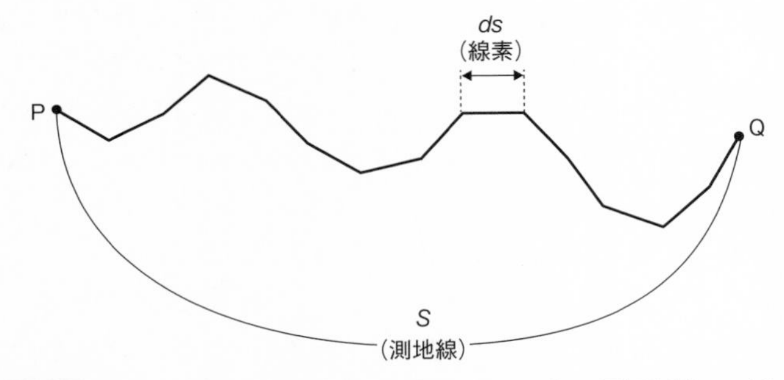

図7-1 グニャグニャに曲がった空間でのPとQの最短距離の一例

「この距離 s は、線素である ds を積分すると得られます」

おお、積分。じつはコレ、本書では2度目の登場だ。前回は、謎の行列 M_{ij} の計算をしたときである。あのときはさらっと流したが、ここはいったん下山して、積分の式をゲットしないと先に進めないらしい。リーマン幾何学の測地線方程式という高所まで登ったところで、いきなり高校で習う積分の話に戻るあたりが、本書のダイナミックなところである。とはいえ簡単に済ませよう。

「細かく切り分けて足し合わせる」

前述のとおり、これが積分の基本的な考え方だ。たとえば円を図7-2のように dx の幅で切り分けた場合、それぞれの細長～い断片（長方形）の面積は「その位置 (x) でのタテの長さ」×「dx（ヨコ幅)」である。それを端から端まで足し合わせれば、円全体の面積になるだろう。

そして、「その位置 (x) でのタテの長さ」は「位置 x の関数」だから、$f(x)$ と書ける。したがって、「タテ×ヨコ」は $f(x)dx$。この積分（定積分）を表す式はこうだ。

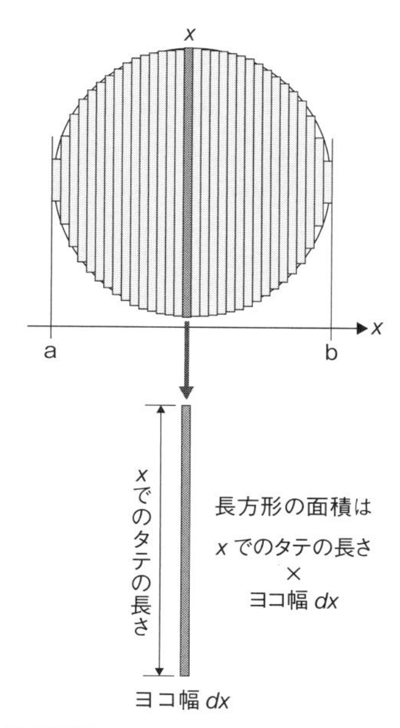

図7-2　積分の基本的な考え方
（神永正博『「超」入門　微分積分』を改変）

$$\int_a^b f(x)dx \tag{7.2}$$

以上、世界最短の「積分入門」でした！

7-2
「最小作用の原理」のせいで遠回り

図7-1に戻る。点Pから点Qまで線素dsを積分して距離sを求めたい。そこで、経路上で変化するdsの座標（位置）を、「あるパラメータu」の関数だと考える。uの正体は不明だが、しょーた君によれば、これは「一般化されたパラメータ」なので、具体的には何でも勝手にイメージすればいいらしい。とりあえずは「時間(t)」をイメージしておこう。たいがい、位置は時間の関数だからね。ともかく、位置を決めるパラメータをuと置くと、dsは次のような微分で表すことができる。

$$ds = \frac{ds}{du}du \tag{7.3}$$

これが（7.2）における$f(x)dx$だと思えば、距離sを求める積分の式は次の（7.4）の1行目になる。そのdsに（7.1）を代入したのが2行目、それを整理したのが3行目だ。

$$\begin{aligned} s &= \int_{\mathrm{P}}^{\mathrm{Q}} \frac{ds}{du}du \\ &= \int_{\mathrm{P}}^{\mathrm{Q}} \sqrt{\frac{g_{\mu\nu}dx^{\mu}dx^{\nu}}{du^2}}du \\ &= \int_{\mathrm{P}}^{\mathrm{Q}} \sqrt{g_{\mu\nu}\frac{dx^{\mu}}{du}\frac{dx^{\nu}}{du}}du \end{aligned} \tag{7.4}$$

これがPからQまでの距離を表す式である。しかし2点を結ぶ経路は無限にあるので、このままでは測地線とはいえない。このsを最短距離にしたのが、測地線だ。では、sが最短距離になるための条件とは何なのか？

ここで、また私の心を折る新たな基本概念が登場する。

「最小作用の原理」

しょーた君によれば、「運動する物体がいちばん楽な経路を選ぶ」のが最小作用の原理だ。たとえば坂道に落ちたボールは、最短ルートを選んで転がる。わざわざ途中で坂を駆け上がったりするようなエネルギーの無駄遣いはしない。なるほど。直観的にも、それはそういうものだろうと思える。私もいちばん楽なコースで相対性理論を理解したいです。しかし教科書で以下のような説明を読んで謎が深まった。

まず、s が最短距離になる条件を探すために、$\frac{ds}{du}$（積分式の関数 $f(x)$ にあたる部分）を次のように表す。

$$L(x, \dot{x}, u) \tag{7.5}$$

なぜ「L」なのかはあとでわかるので、いまは気にしない。3つの変数を持つ関数 L、という意味だ。上にドットのついた2番目の記号は、「x の時間微分」という意味。断じて印刷の汚れではない。

で、$x(u)$ のときに s が最短になるとしよう。これを微小量だけ増やして、$x(u)+\delta x(u)$ とすると、当然ながら s の値は増加する。その増分（δs）を表す式はこうだ。

$$\delta s = \int_{\mathrm{P}}^{\mathrm{Q}} L(x+\delta x, \dot{x}+\delta\dot{x}, u)du - \int_{\mathrm{P}}^{\mathrm{Q}} L(x, \dot{x}, u)du \tag{7.6}$$

はいはい、これはわかります。わからないのは、その先だ。教科書によると、最小作用の原理を用いれば、この増分 δs が「ゼロになること」が、s が最短距離になる条件だというのである。

いやいや、$x(u)$ のときが最短で、それを $x(u)+\delta x(u)$ にし

たら s の値は増加したんですよね？　その増分がゼロになるって、どういうことですか？　s が増えないのなら、$x(u)$ も増えていないんじゃないの？？？

「うーん、なんて説明すればいいのかなー」

私の素朴な質問を受けたとき、しょーた君はしばしばそう唸って虚空を見つめるのだった。そして私は「了解、自分で勉強してきます！」と言うのが常だ。

というわけで、また下山せざるを得ない。最短距離を求めるために遠回りさせるなんて、意地悪すぎる。山を下りた私は書店に向かい、物理学愛好家のあいだでは自称「いろもの物理学者」として有名な前野昌弘氏の『よくわかる解析力学』（東京図書）を買ってパラパラとめくった。それによると、どうやら最小作用の原理の本質は値が「最小」になることではなく「極値」になることだという。では「極値」になるとはどういうことかというと、いろいろ省略して図だけであっさり説明すると、こういうことだ。

私は、「$x(u) + \delta x(u)$ とすると s の値は増加する」という話を、図 7-3 の右端のようなイメージで考えていた。でも、そこに極値は存在しない。極値があるのは、左（極大）と中央（極小）である。横軸が x だとすると、どちらも x の微小変化量（δx）に対する縦軸の変化量はゼロ。x が大幅に変化すれば極大でも極小でもなくなるが、δx は「かぎりなくゼロに近い変化」なので、縦軸の変化量もゼロである。

極大であれ極小であれ、このように微小変化量がゼロになっている状況を、解析力学では「停留」と呼ぶ。前野先生流に言えば、「最小作用の原理」とは、じつは「停留作用の原理」なのだった。

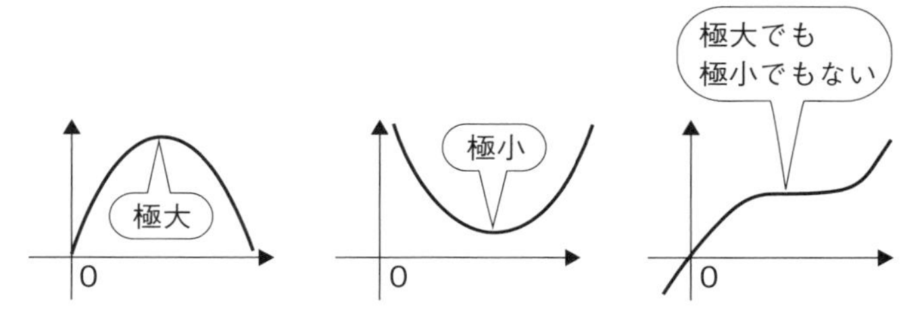

図 7-3　「最小作用の原理」とは「停留作用の原理」である
（前野昌弘『よくわかる解析力学』を改変）

そうかそうか。そういうことなら、たしかに増分 $\delta x = 0$ になるのが「停留」の条件、つまり s が測地線になる条件だ。

7-3
「オイラー=ラグランジュ方程式」に癒される

では、どうすれば (7.6) の δx は「$= 0$」になるのか。例によって結論だけお伝えするのは忸怩(じくじ)たるものがあるが、(7.6) をアレコレ展開すると次の式になる。

$$
\begin{aligned}
\delta s &= \int_{\mathrm{P}}^{\mathrm{Q}} \left(\frac{\partial L}{\partial x}\delta x + \frac{\partial L}{\partial \dot{x}}\delta \dot{x} \right) du \\
&= \int_{\mathrm{P}}^{\mathrm{Q}} \left(\frac{\partial L}{\partial x} - \frac{d}{du}\frac{\partial L}{\partial \dot{x}} \right) \delta x du
\end{aligned}
\tag{7.7}
$$

この式が「$= 0$」になるのは、カッコ内が 0 になるときだ。したがって s が最短距離（すなわち測地線）となる条件は、次のとおりである。

$$
\frac{d}{du}\frac{\partial L}{\partial \dot{x}} - \frac{\partial L}{\partial x} = 0 \tag{7.8}
$$

(7.7) のカッコ内とは順番が入れ替わっている。なぜわざわざ入れ替えたかというと、この方程式には立派な名前が付いており、ふつうはこの形で書くからである。案の定、「方程式の底なし沼」になって参りましたよ。アインシュタイン方程式を読むのに必要な測地線方程式を導くには、この方程式が必要になる。その名はコレだ！

「オイラー＝ラグランジュ方程式」

おお〜。どよめく観客席。18 世紀最大の数学者として並び称せられるのが、レオンハルト・オイラーとジョセフ＝ルイ・ラグランジュだ。2 人の名を冠した方程式に巡り会えただけでも私はうれしい。オイラー＝ラグランジュ方程式を知った自分は、それを知らなかった自分とはひと味もふた味も違う。そう思えるじゃありませんか！

しかもこの方程式は、物理学の世界でもっとも重要な方程式の 1 つだとウィキペディアにも書いてある。なにしろ「ニュートンの運動方程式をより数学的に洗練された方法で定式化しなおしたもの」だというのだから、えらいことだ。

とはいえ、方程式を眺めているだけではその偉大さがピンと来ない。最初は「ふーん」という感じだった。そんな私が思わず身を乗り出したのは、しょーた君が、方程式に出てくる「L」の意味を教えてくれたときである。

「これは、ラグランジアンというやつです」

わーお！　出た出た出ました！　聞いたことはあるけど、意味はまったく知らないやつ！

これまで多くの物理学者の著書のお手伝いをしてきた私は、取材や打ち合わせなどの場で、何かの拍子にこの「ラグランジアン」なる専門用語をいくたびか耳にしていた。どことなく高

貴な香りの漂う、神秘的な語感だ。近寄りがたい雰囲気がある。そして先生方も、ふとそれを独り言のように口にはするものの、意味を説明しようとはしない。
「まあ、要はこれがラグランジアンなんだけど……」
「……ラグランジアン？」
「あっ、いやいや、それはともかくですね……」
　そんな感じなので、こちらも踏み込んだ質問はしない。うっかり触ると、お互いに面倒なことになりそうだ。本の原稿にもその言葉は出てこないから、とくに問題はなかった。
　しかしこれ、本当はものすごく重要な概念らしい。
「ラグランジアンがわかれば物理法則がわかる。物理法則がわかれば、世界がわかる」——しょーた君の言葉である。まるでセカイの謎を解き明かす魔法のパスワードみたいだ。
　でも、ラグランジアンの意味を説明しようとすると、どうしても数式を使わざるを得ない。だからタテガキのポピュラーサイエンス本では、多くの専門家たちがこの本質的な概念を使わずにさまざまな理論を説明しているのではないか——それが、しょーた君の見立てである。「ド文系によるヨコガキ」の本書では、どこまで踏み込むべきか。

とりあえず少しだけ踏み込んでおくと、ラグランジアン（L）とは「運動エネルギー（T）とポテンシャル（位置）エネルギー（V）の差」を表す関数だという。$L = T - V$ と式に書くとひどくシンプルだが、運動エネルギーから位置エネルギーを引いて何になるのかよくわからない。プロの研究者が「ラグランジアンはワカランジアン」などと言って笑うのを聞いたこともあるので、きっとすごく難しいのだろう。

しかし、たとえば高さ x の位置から質量 m の物体が落下する場合のラグランジアンは、次のような式で表せるそうです。

$$
\begin{aligned}
T &= \frac{1}{2}m\dot{x}^2 \\
V &= -mgx \\
L &= \frac{1}{2}m\dot{x}^2 + mgx
\end{aligned}
\tag{7.9}
$$

この 3 行目をオイラー＝ラグランジュ方程式の「L」に代入して、しょーた君に教わりながらウダウダと計算していくと、なんと最終的にはニュートンの運動方程式（$F = ma$）が出てきました。そろそろ本題に戻りたいので詳細は割愛するが、本当なんだ信じてくれ。

7-4 測地線方程式は3通りもある、らしい

それはともかく、

$$s = \int_{\mathrm{P}}^{\mathrm{Q}} \sqrt{g_{\mu\nu}\frac{dx^\mu}{du}\frac{dx^\nu}{du}}du \tag{7.10}$$

(7.4) の3行目のこの s が最短距離（つまり測地線）になるための条件は、オイラー＝ラグランジュ方程式を満たすことだった。(7.5) で、この (7.10) のルートの部分（積分式の関数 $f(x)$ にあたる部分）を $L(x, \dot{x}, u)$ に置き換えたことを思い出せば、s のラグランジアンは次のとおりだ。

$$L = \sqrt{g_{\mu\nu}\frac{dx^\mu}{du}\frac{dx^\nu}{du}} \tag{7.11}$$

これをオイラー＝ラグランジュ方程式に代入するのだが、このままだと平方根が邪魔くさい。そこで、オイラー＝ラグランジュ方程式を L^2 の形に書き直す。途中経過を省略すると、それはこうなります。

$$\frac{d}{du}\frac{\partial L^2}{\partial \dot{x}} - \frac{\partial L^2}{\partial x} = 2\frac{\partial L}{\partial \dot{x}}\frac{dL}{du} \tag{7.12}$$

この左辺に (7.11) のラグランジアンを代入してアレコレやる。以下、教科書の丸写しである。

$$\begin{aligned}
&\frac{d}{du}\frac{\partial L^2}{\partial \dot{x}} - \frac{\partial L^2}{\partial x} \\
&\quad = \frac{d}{du}\left(\frac{\partial}{\partial \dot{x}^\mu}g_{\nu\lambda}\dot{x}^\nu\dot{x}^\lambda\right) - \frac{\partial}{\partial x^\mu}\left(g_{\nu\lambda}\dot{x}^\nu\dot{x}^\lambda\right) \\
&\quad = \frac{d}{du}(2g_{\mu\nu}\dot{x}^\nu) - (\partial_\mu g_{\nu\lambda})\dot{x}^\nu\dot{x}^\lambda
\end{aligned}$$

$$
\begin{aligned}
&= 2g_{\mu\nu}\ddot{x}^{\nu} + 2(\partial_{\lambda}g_{\mu\nu})\dot{x}^{\nu}\dot{x}^{\lambda} - (\partial_{\mu}g_{\nu\lambda})\dot{x}^{\nu}\dot{x}^{\lambda} \\
&= 2g_{\mu\nu}\ddot{x}^{\nu} + 2\dot{x}^{\nu}\dot{x}^{\lambda}\left\{ \frac{1}{2}(\partial_{\lambda}g_{\mu\nu} + \partial_{\nu}g_{\mu\lambda} - \partial_{\mu}g_{\lambda\nu}) \right\}
\end{aligned}
\tag{7.13}
$$

3行目から4行目に行くところで、次の変形を用いているそうなので、一応お伝えしておきますね（ガキの使い）。

$$
\frac{dg_{\mu\nu}}{du} = \frac{\partial g_{\mu\nu}}{\partial x^{\lambda}}\frac{dx^{\lambda}}{du} = (\partial_{\lambda}g_{\mu\nu})\dot{x}^{\lambda} \tag{7.14}
$$

「途中の式は、わかんなくても大丈夫です」
「うん、いま、書きながら気を失ってた……」
「ただ、この式（7.13）の最後にある中カッコだけよく見てください。どこかで見た形ですよね？」

うーん。高校時代の授業中みたいに、脳は居眠りした状態で手だけで機械的に式を写していたので、急にそんなこと言われても困る。慌てて中カッコ内を見ると、メトリックの微分が3つ並んでいた。メトリックを並べて表されるものが何かあったような気がしなくもない。
「あー、そうか。クリストッフェル記号だ」

中カッコ内は、クリストッフェル記号をメトリックで表したこの式（6.15）とソックリじゃありませんか。

$$
\Gamma^{\mu}_{\nu\lambda} = \frac{1}{2}g^{\mu\kappa}(\partial_{\lambda}g_{\kappa\nu} + \partial_{\nu}g_{\kappa\lambda} - \partial_{\kappa}g_{\lambda\nu})
$$

そこで、（7.13）に $g^{\kappa\mu}$ を左からかけてやり、中カッコ内をクリストッフェル記号にしたりなんかしながらスッタモンダすると（そんな言い方ばかりで誠に心苦しいが）この式は次のようにまとめることができるそうです。

$$\frac{d}{du}\frac{\partial L^2}{\partial \dot{x}} - \frac{\partial L^2}{\partial x} = 2\left(\ddot{x}^{\mu} + \Gamma^{\mu}_{\nu\lambda}\dot{x}^{\nu}\dot{x}^{\lambda}\right) \tag{7.15}$$

以上、(7.12) の左辺の整理はおしまい。次に、右辺のこれについて考える。

$$2\frac{\partial L}{\partial \dot{x}}\frac{dL}{du} \tag{7.16}$$

まず、これが $\frac{dL}{du}$ に比例することに注目するらしい。$L = \frac{ds}{du}$ なので、$\frac{dL}{du}$ は次のように表せる。

$$\frac{dL}{du} = \frac{d}{du}\left(\frac{ds}{du}\right) = \frac{d^2 s}{du^2} = \ddot{s} \tag{7.17}$$

$\ddot{s}$ は、「s をパラメータ u で 2 階微分した」という意味だ。ここで、とりあえず「時間」をイメージしていた何でもアリのパラメータ u を、s だと考えるという。……は？　自分自身で微分するなんてことがあるんですね。で、自分自身で 2 階微分を取ると、それはゼロになるらしい。キツネにつままれたような気分だが、ここはもう「途中の式は、わかんなくても大丈夫です」というしょーた君のご託宣を念仏のように唱えよう。$\frac{dL}{du}$ に比例する (7.16) は、$\frac{dL}{du}$ がゼロならゼロである。したがって、(7.15) もゼロだ。

$$2\frac{\partial L}{\partial \dot{x}}\frac{dL}{du} = 0$$

$$2\left(\ddot{x}^{\mu} + \Gamma^{\mu}_{\nu\lambda}\dot{x}^{\nu}\dot{x}^{\lambda}\right) = 0 \tag{7.18}$$

その結果、上の式の 2 行目のカッコ内は「$= 0$」になり、それを取り出したものが最短距離を表す式になるという。

$$\ddot{x}^{\mu} + \Gamma^{\mu}_{\nu\lambda}\dot{x}^{\nu}\dot{x}^{\lambda} = 0 \tag{7.19}$$

これが何なのかというと……まさに測地線方程式なのだった！　マジか！　ただし、これはまだ最終形態ではない。実は、この方程式には3つのパターンがあるという。ちょっと意外な展開だが、ここで、第2章で勉強したミンコフスキー時空図を振り返る。そこでは、光円錐の内側にある2点間の関係を「時間的」、外側にある2点間の関係を「空間的」と呼んだ。さらに付け加えると、その境界線（光円錐の表面）のことを「ヌル」という（ドイツ語で「ゼロ」の意）。じつは、測地線方程式はこの3つでそれぞれ形が違うらしい。

まず、PとQの2点が**「空間的」**に隔たっている場合の測地線方程式は、(7.19) の x^μ を不変間隔 s で微分するので、それが明らかにわかる形で書くと、こうなる。

$$\frac{d^2x^\mu}{ds^2}+\Gamma^\mu_{\nu\lambda}\frac{dx^\nu}{ds}\frac{dx^\lambda}{ds}=0 \tag{7.20}$$

一方、x^μ を次のように固有時間 τ で微分したのが、2点が**「時間的」**に隔たっている場合の測地線方程式だ。

$$\frac{d^2x^\mu}{d\tau^2}+\Gamma^\mu_{\nu\lambda}\frac{dx^\nu}{d\tau}\frac{dx^\lambda}{d\tau}=0 \tag{7.21}$$

では**「ヌル」**（光円錐の表面）の測地線方程式はどうなるのかというと、こんな感じだそうです。

$$\frac{d^2x^\mu}{d\lambda^2}+\Gamma^\mu_{\kappa\nu}\frac{dx^\kappa}{d\lambda}\frac{dx^\nu}{d\lambda}=0 \tag{7.22}$$

「空間的」では s、「時間的」では τ だったパラメータが λ になっただけで、全体の構造は変わらない。λ というパラメータが謎だが、しょーた君が「これを理解しようとすると大変なことになるので、境界線上ではパラメータが s でも τ でもないとだけ思ってください」と言うので、深追いはよそう。いろいろよくわからなかった測地線方程式だが、しょーた君も「この3パターンがあることだけ知っていれば十分だと思います！」と言うので、もうこれぐらいにしといたろか。私としては、測地線方程式を通じて憧れのラグランジアンと巡り会えたのが良き仕合わせでありました。

7-5
お次は「ポアソン方程式」だってよ

ところで教科書では、測地線方程式の説明の最後に、こんなことが書かれていた。この方程式によって「重力場中の物質の運動が求められるのであれば、これで一般相対性理論は完成されたといえるのだろうか」というのである。意表をつかれた。完成していないことは明らかだが、もしかしたら「これで完成！」と勘違いしかねないほど重要だったのか測地線方程式は！

もちろん、これには続きがある。

〈実は、測地線方程式は、「与えられた重力場中のテスト粒子の運動」を記述するものに過ぎない。テスト粒子、というのは、この粒子自身が作り出す重力が、周囲の重力場に与える影響は無視する、というものである。

一般相対性理論の最終的に目指すゴールは、テスト粒子の運動ではなく、物質の存在によって、重力場がどのように作り上げられ、その中で物質がどのように運動をするのか、に答えて

くれるものでなければならない。そのために考え出されたのがアインシュタイン方程式である。〉

なるほど。物質それ自体の重力も考えなければダメなので、重力方程式は「物質が存在することで、重力場を作り出す」というものでなければならないという。そして、そういう方程式を考える上では、コレが参考になるそうだ。

「ポアソン方程式」

はい出ました。また方程式である。さっきまで、アインシュタイン方程式を読むために必要な測地線方程式を理解するためにオイラー＝ラグランジュ方程式にぶつかり、そりゃあもう大慌てだったわけだが、方程式の波状攻撃は終わらない。どうやらセカイは方程式でできているようだ。

ポアソン分布、ポアソン比、ポアソン括弧などなど、あちこちに名を残すシメオン・ドニ・ポアソンさんが考えたポアソン方程式は、電磁気学や流体力学など物理学のさまざまなジャンルで使われるとのこと。そのなかから、アインシュタイン方程式の成り立ちを類推するためにしょーた君がまず教えてくれたのは「静電場のポアソン方程式」だ。「電場」が「重力場」のアナロジーになるという。

$$\nabla^2\phi = -\frac{\rho}{\varepsilon_0} \tag{7.23}$$

電場とは、図 7-4 のように、プラスの電荷を置いた場所を中心にして生じる場のことである。**質量が重力現象の源になるのと同じように、電荷は電磁気現象の源だ。**ただし質量と違って電荷にはプラスとマイナスがあり、プラスの電荷とマイナスの

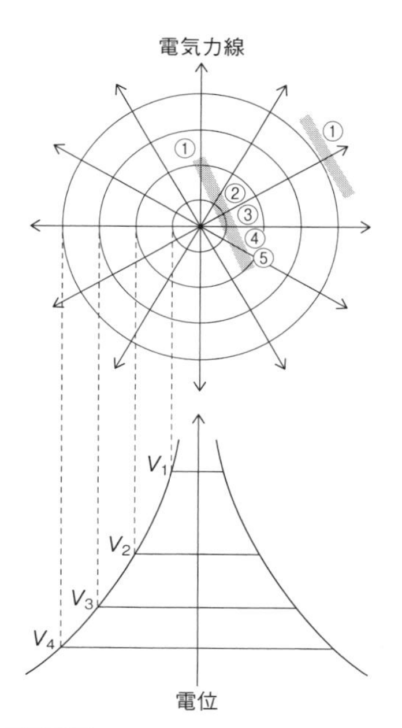

図 7-4　電場のイメージ

電荷のあいだにだけ引力が働く。

図 7-4 の上は電場を上から、下は電場を横から見たものだ。上の図の矢印は、電気力線。電荷のある場所からは、これが等方的に飛んでいく。その電気力線の電位（単位はボルト）が同じになる点を結んだ等高線が、幾重にも描かれた同心円だ。等高線というぐらいだから、電位には高低差がある。木の枝にぶら下がるリンゴが位置エネルギーを持っているのと同様、電荷にも位置エネルギーがあるわけですね。電位の「位」は、位置エネルギーの「位」だと思えばいい。電位が高いほど、下に転がり落ちるエネルギーは大きくなる。それは横から見た図を見ればイメージできるだろう。

また、上から見た図で、等高線を貫く電気力線の数に注目すると、外側より内側のほうが「密」だ。同じ面積の領域を、中心に近いところでは５本の電気力線が貫いているが、いちばん外側では１本しか貫いていない。この電気力線の密度が、電場の強さだ。中心から遠いほど、電場は弱くなる。遠いところで中心部と同じ数の電気力線を通すには、面積を半径 r の 2 乗にしなければならない。つまり（重力もそうだが）電場の強さは距離の 2 乗に反比例するのだった。

7-6
「発散」するのはストレスだけでいい

さて、電場を E、電位を ϕ とすると、両者のあいだにはこんな関係があるという。

$$\vec{E} = \left(-\frac{\partial\phi}{\partial x}, -\frac{\partial\phi}{\partial y}, -\frac{\partial\phi}{\partial z}\right) \tag{7.24}$$

右辺は、電位（ϕ）を x（位置）で微分したものだ。電位は、電荷を置いた中心部から離れるにつれて連続的に低くなっていく。したがって、それを位置で微分したものをつないでいけば、さっき図 7-4 で見た「斜面」全体の傾きになるわけだ。その傾きこそが、電場 E の実態だという。いちいち ∂ をたくさん並べて書くのは面倒なので、この式は通常、∇（ナブラ）という記号を使って次のように書く。

$$\vec{E} = -\nabla\phi \tag{7.25}$$

この ∇ は、次のように定義された「ベクトル微分演算子」というものだ（共変微分と似てるけど違います）。

$$\nabla \equiv \left(\frac{\partial}{\partial x}, \frac{\partial}{\partial y}, \frac{\partial}{\partial z}\right) \tag{7.26}$$

次に、いささか唐突だが、この微分演算子 ∇ と電場 E の内積を取る、という操作をするのである。そして、ここでまた新しい概念が登場するのだった。ベクトル微分演算子 ∇ を（電場のような）ベクトル場と内積を取る形で作用させたものを「発散」と呼ぶそうだ。発散させるものというと私は精神的ストレスぐらいしか思いつかないが、物理でも何かを発散させることがあるらしい。英語では「発散= divergence」なので、「div」と表記することもある。たとえばベクトル E の発散なら、次のように書けるわけだ。

$$\mathrm{div}\vec{E} = \boldsymbol{\nabla} \cdot \vec{E} \tag{7.27}$$

さっき「内積を取る」ではなく「内積を取る形で作用させた」と奥歯に物が挟まったような物言いをしたが、これには理由がある。ベクトル微分演算子とベクトルのかけ算は、ベクトルの成分同士の積を取る本来の内積と同じではない。それなのに、上記の式のように内積を意味する「・」を使うのは、「内積みたいに計算しましょうね」というキモチの表れだそうだ。

で、この計算から導かれるベクトル場の発散とは、「単位体積あたりの流れの増減」のことだという。ベクトル場は無数の矢印でビッシリ埋め尽くされているような印象があるので、この「流れの増減」という表現はイメージしやすい。

ここではとりあえず、3次元のベクトル場を「水の流れ」だと考える。そこに、ある単位体積を持つ直方体の領域があるとしよう。その「箱」みたいな領域に何もなければ、そこに流入する水とそこから流出する水の量は同じだ。しかしその領域内に、水を噴出する穴がある場合、流入より流出のほうが多くなる。逆に、水を吸い込む穴がある場合は、流入のほうが流出より多くなるだろう。バスタブの給湯口と排水口みたいなイメージだ。そういう穴のことを「湧き出し」「吸い込み」と呼ぶ。風呂掃除を始めたくなりそうな雰囲気だが、これも立派な専門用語だ。その両者を合わせた概念が「発散」である。

詳しい説明は省略するが、ある領域の x 軸方向に流入する量を V_x、y 軸方向を V_y、z 軸方向を V_z とすると、単位体積あたりの発散は次のような偏微分の足し算になる。

$$\boldsymbol{\nabla} \cdot \vec{V} = \frac{\partial V_x}{\partial x} + \frac{\partial V_y}{\partial y} + \frac{\partial V_z}{\partial z} \tag{7.28}$$

われわれが取り組んでいる電場 E も、3 次元のベクトル場だ。したがって、それとベクトル微分演算子 ∇ の「内積」は、単位体積あたりの発散＝電気の流れの「湧き出し」や「吸い込み」を表すことになる。それは次のような偏微分の足し算になり、右端のような形に定義されるのだった。

$$\boldsymbol{\nabla} \cdot \vec{E} = \frac{\partial E_x}{\partial x} + \frac{\partial E_y}{\partial y} + \frac{\partial E_z}{\partial z} = \frac{\rho}{\varepsilon_0} \tag{7.29}$$

右端の形にマイナスをつければ、前に見た静電場のポアソン方程式の右辺と同じだ。ではこの（7.29）をポアソン方程式にするにはどうするか。まず（7.25）を思い出そう。電場は電位を位置で微分したものだった。

$$\vec{E} = -\nabla\phi \tag{7.30}$$

これを（7.29）に代入すると、こうなるのである。

$$\boldsymbol{\nabla} \cdot \vec{E} = \boldsymbol{\nabla} \cdot (-\nabla\phi) = \frac{\rho}{\varepsilon_0} \Rightarrow \nabla^2\phi = -\frac{\rho}{\varepsilon_0} \tag{7.31}$$

さらに、ベクトル微分演算子 ∇ は 2 乗するとひっくり返って Δ になる。これには「ラプラス演算子」というカッコイイ名前がついているので、今後はそれを使って書こう。

$$\nabla^2 = \Delta \Rightarrow \Delta\phi = -\frac{\rho}{\varepsilon_0} \tag{7.32}$$

分母の ε_0（イプシロン 0）は、真空中での電気の伝わりやすさを示す誘電率とのこと。定数なので、ここではあまり気にしなくていいそうです。大事なのは電荷密度を意味する ρ（ロー）。電場を発生させる電荷が、単位体積あたりにどれだけ詰まっているかを示す値だ。つまり静電場のポアソン方程式は、ある密度で置かれた電荷からどれだけの電気が湧き出すかを表している。その湧き出しっぷりを図に描くと、電荷から等方的に飛んでいく電気力線になるのだった。

7-7 重力場のポアソン方程式と万有引力

バスタブのイメージがやけに強く印象に残ってしまったが、一応は電場の雰囲気がつかめたところで、いよいよ重力場のことを考えよう。静電場のポアソン方程式は、右辺に「ある電荷密度（ρ）を持つ物体」を置いたことで、左辺に「電位（ϕ）というポテンシャルエネルギーが生まれましたよ！」と言っていた。それになぞらえて考えると、重力場のポアソン方程式は、右辺に「ある質量の密度（ρ）を持つ物体」を置くと左辺に「重力のポテンシャルエネルギー（ϕ）が生じますよ！」という形になるだろう。結論を言うと、それは、こういう式である。

$$\Delta\phi = 4\pi G\rho \tag{7.33}$$

静電場のポアソン方程式では、右辺の $\frac{1}{\varepsilon_0}$ が誘電率を表す定数だった。重力場のポアソン方程式の右辺にも、物質の密度分布を表す ρ の左に $4\pi G$ という定数がある（G はニュートンの万有引力定数、4π は、球の表面積を表す「$4\pi r^2$」の 4π)。左辺の ϕ は重力ポテンシャルだ。たしかに、「物質の分布が重力を生み出しますよ」と言っている。

この重力場のポアソン方程式は「ニュートンの重力場方程式」とも呼ばれる。だがニュートンの重力理論といえば、世間で有名なのは何といってもこの式だ。

$$F = -G\frac{mM}{r^2} \tag{7.34}$$

距離 r の質量 m と質量 M の物体のあいだに働く万有引力 F は距離の 2 乗に反比例する——泣く子も黙る「万有引力の法則」である。この式と重力場のポアソン方程式（ニュートンの重力場方程式）は、何が違うのか？　同じニュートンの重力を表す式がいろいろあると途惑ってしまう。

恒藤敏彦『物理入門コース〈新装版〉弾性体と流体』（岩波書店）などによると、まず万有引力の法則は、重力源の質量（m と M）が 1 点に集中していると仮定している。太陽や惑星のような天体も、1 つの質点として扱うのだ。太陽と惑星は遠く離れているので、その運動を考えるときはそれぞれの大きさを無視してもあまり問題はない。当時のニュートンにとっては、天体の運動法則の解明が最大のテーマだったから、万有引力の法則は「質点の力学」でよかった。

しかし現実の天体（をはじめとする物体）は点ではないので、「質点の力学」はあくまでも近似的なものにすぎない。たとえば太陽との距離が近い水星の運動には、太陽が完全な球形ではないことがわずかながら影響する。ならば点として扱うわけにはいかない。月と地球の関係もそうだ。月の運動によって地球上で生じる潮汐などの現象を扱うときは、重力源を広がりのある物体として考えなければいけない。その場合、質量は空間中に広く分布しているので、その平均値である「質量密度(ρ)」という概念が必要だ。それを右辺に置いたのが、重力場のポアソン方程式だったわけですね。

質点の力学に対して、広がりのある物体を扱う力学は「連続体の力学」と総称される。馴染みの薄い言葉だが、この世に存在する固体、液体、気体は、どれもみんな連続体だ（そのなかでも容易に形を変えることのできる液体と気体のことを「流体」と呼ぶ）。連続体の物理的な状態は、空間の各点での密度、圧力、流れの速さといった「場の量」で記述されるそうだ。そのため、18〜19世紀に発展した連続体の力学は、電磁場などを扱う「場の力学」の原型とも言えるらしい。実際、電磁気学の形成には連続体の力学が大きな役割を演じたという。その意味では、静電場や重力場のポアソン方程式なども、原点は「連続体の力学」にあるのだった。

7-8 おそるべし、エネルギー・運動量テンソル

さあ、ようやくアインシュタイン方程式の右辺に取り組む準備ができた。重力場のポアソン方程式は空間的な広がりのある連続体を重力源としているが、これはまだ3次元空間における非相対論的な世界の話だ。一般相対性理論では、重力源の質量密度ρを4元化することが求められるという。なるほど。それを4元化したのが、アインシュタイン方程式の右端にあるエネルギー・運動量テンソル$T^{\mu\nu}$なのだそうだ。

まず気づくのは、4元化によって名称が大きく変わったことである。重力場のポアソン方程式で右辺に置かれた重力源は

「質量」の密度分布だったが、それを4元化したら重力源が「エネルギー」と「運動量」の2本立てになった。

ここでエネルギーが登場するのはまったく不思議ではない。相対論では $E = mc^2$ だから、質量とエネルギーは等価だ。したがって、質量密度はエネルギー密度となる。

でも、質量をエネルギーに置き換えるだけでは4元化したことにはならないようだ。そこにはなぜか「運動量」も入ってくる。それを理解するには、$E = mc^2$ に取り組んだ4章の復習が必要らしい。あのときは、「4元速度」を時間成分（0）と空間成分 $(i = 1, 2, 3)$ に分けて次のように書いた。

$$u^0 = \frac{dx^0}{d\tau} = \frac{d(ct)}{d(t/\gamma)} = \gamma c$$

$$u^i = \frac{dx^i}{d\tau} = \frac{dx^i}{d(t/\gamma)} = \gamma v^i \quad (4.41)$$

これを踏まえて4元運動量 p^μ を時間成分と空間成分に分けると (4.50)、(4.51) で見た次の形になる。運動量は (質量) × (速度) だから4元速度（4.41）に質量 m をかけるのだ。

$$p^0 = mu^0 = m\gamma c \quad (4.50)$$

$$p^i = mu^i = m\gamma v^i \quad (4.51)$$

また、cp^0 はエネルギー E なのでこういう式が成り立った。

$$E \equiv cp^0 = m\gamma c^2 \quad (4.66)$$

ゆえに、4元運動量 p^μ は次のようにまとめられる。

$$(p^\mu) = \left(\frac{E}{c}, m\gamma v^i\right) = \left(m\gamma c, m\gamma v^i\right) \qquad (7.35)$$

このように、4 元運動量 p^μ の成分は、エネルギー（時間成分 p^0）と運動量（空間成分 p^i）のセットになっている。ちょっとモヤッとする話だ。運動量が「空間成分」なのは直観的にそういうモンだろうと思えるが、エネルギーが「時間成分」だと言われても、すんなりと飲み込めない。しかしこれについては、しょーた君が次のような説明をしてくれたおかげで、何となく腑に落ちた。

エネルギーと運動量にはそれぞれ「保存則」がある。運動量のほうは、いわば「空間」に対する保存則だ（運動する物体の位置が変わっても、その前後で物理法則は変わらない）。それに対してエネルギーのほうは、いわば「時間」に対する保存則（時間が経過しても、その前後で物理法則は変わらない）。より専門的には、前者は「空間の並進対称性」、後者は「時間対称性」と結びつく保存則だそうだ。だから 4 元運動量も、時間成分はエネルギー、空間成分は運動量と考えることができるという。

4 元運動量にはそのような性質があるので、物質の密度を 4 元化する場合も、時間成分（エネルギー）の密度と空間成分（運動量）の密度の両方を考えなければならない。そのため、3 次元の非相対論ワールドでは「質量密度」だったものが、相対論ワールドでは「エネルギー・運動量テンソル」という 2 本立てのテンソルになるのだった。

ならば、$T^{\mu\nu}$ の中身は「エネルギー密度」と「運動量密度」の 2 種類になりそうなものだが、そうではない。教科書によると、添え字の μ は 4 元運動量 p^μ の成分、ν は位置 x^ν の成分なので、このテンソルの成分は図 7-5 のように整理できるそうだ。本来は T^{00} から T^{33} まで $4 \times 4 = 16$ 個の成分がある

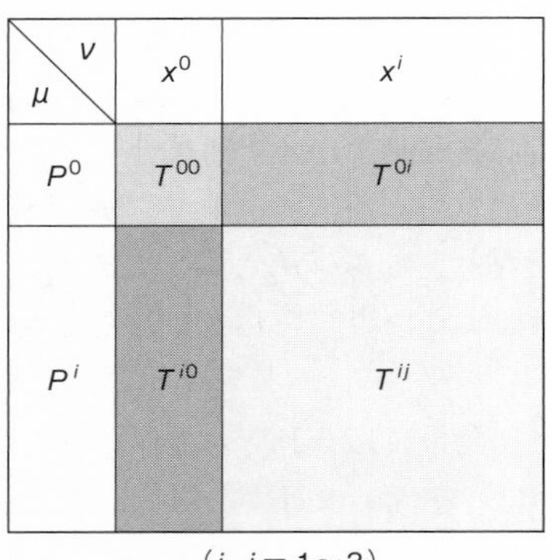

図 7-5 エネルギー・運動量テンソルの中身は 4 つのエリアからなる

が、μ（運動量 p）も ν（位置 x）も空間成分の i（1〜3）はひとまとめにして、$T^{00}, T^{i0}, T^{0i}, T^{ij}$ という 4 つのエリアに分けて考えるのだ。で、この 4 つのエリアの中身には図 7-6 のような名前がついているのだった。

ここをきちんと理解するには、それこそ「連続体の力学」をイチから勉強せねばならず、そのために下山すると本当に（しょーた君も巻き添えにして）遭難してしまうので、ごく簡単に済ませます（涙）。

とりいそぎ図 7-6 の言葉の辞書的な意味だけお伝えすると、エネルギー流束の「流束」は英語だと「flux」。単位時間に単位面積を通過する物理量、あるいはベクトル場の強さを表す量のことだそうだ。その語感から、特撮 SF アクション映画で善と悪の両陣営が「食らえ！　エネルギー流束ビームだ！」とか叫びながら戦っている光景が脳内に浮かんでしまいました。

そんなことはともかく、左側がエネルギー密度と運動量密

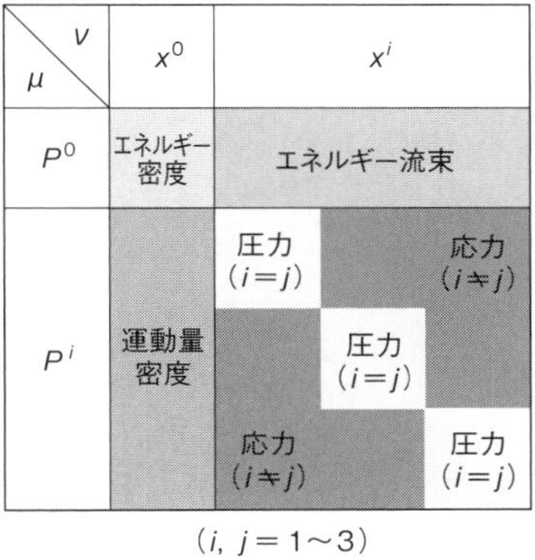

μ＼ν	x^0	x^i		
P^0	エネルギー密度	エネルギー流束		
P^i	運動量密度	圧力 $(i=j)$		応力 $(i \neq j)$
			圧力 $(i=j)$	
		応力 $(i \neq j)$		圧力 $(i=j)$

$(i,\ j=1\sim3)$

図7-6 エネルギー・運動量テンソルの4つのエリアの名前

度、右上がエネルギー流束なら、右下は「運動量流束」……になるかと思いきや、何やら斜めに仕切られて「圧力・応力」となっている。圧力と応力はどちらも「力÷面積」で計算され、単位も同じ「パスカル（Pa）」なのだが、名前が違う。ちなみに英語だと、圧力が「プレッシャー」で、応力は「ストレス」。妙に胸のあたりが苦しくなる組み合わせだ。ついメ切プレッシャーによる精神的ストレスのことを思い浮かべてしまい、「圧力は応力を生む原因だ！」などと誤解してしまいそうだが、物理学におけるストレスは、プレッシャーに対する反応ではない。物体の内部に生じる力の大きさなどを表す量だという。圧力は、測定する面に対して垂直方向に働く単位面積あたりの力。応力は、垂直以外の方向の力も含めて、測定面に働く単位面積あたりの力である。

以上、相対論では、エネルギー密度、運動量密度、エネルギー流束、圧力、応力という多様な重力源を考える。それがわかっ

ただけで、いまは満足しておこう。でも、いつか必ずちゃんと理解してやるぞチクショー！（と、自分に圧力をかけてみた）

さらに天下りで心苦しいが、教科書によると、図 7-6 のエネルギー・運動量テンソル $T^{\mu\nu}$ は、局所ローレンツ系（自由落下するエレベーターのように局所的に重力が働かない系）では次のような行列で書けるそうだ（アミをかけた部分が図 7-6 で斜めに仕切られた圧力と応力ですね）。ρ は密度、c と v は 4 元速度 u^μ を時間成分 $u^0(c)$ と空間成分 $u^i(v^1,\ v^2,\ v^3)$ に分けたものである。ここでは速度が光速に比べて小さく、ゆっくりと運動している状況を考えているので、式（4.41）から γ を取った形になるそうです。

$$T^{\mu\nu} = \rho \begin{pmatrix} c^2 & cv^1 & cv^2 & cv^3 \\ cv^1 & (v^1)^2 & v^1v^2 & v^1v^3 \\ cv^2 & v^1v^2 & (v^2)^2 & v^2v^3 \\ cv^3 & v^1v^3 & v^2v^3 & (v^3)^2 \end{pmatrix} \tag{7.36}$$

図7-6と見比べれば、それぞれの要素がどう書かれるのかがわかる。たとえばエネルギー密度 T^{00} は ρc^2、エネルギー流束 T^{0i}（T^{01}, T^{02}, T^{03}）なら ρcv^i（$\rho cv^1, \rho cv^2, \rho cv^3$）だ（カッコ内のすべてに ρ がかかることに注意）。

7-9
「完全流体でOK」という朗報

エネルギー・運動量テンソルはあまりにも具だくさんなので、途方に暮れてしまう。しかし天文学や宇宙論などの分野でこの方程式を使う場合は、わりとシンプルに考えてよいようだ。天体を「完全流体」だと仮定できるからである。

完全流体とは、「粘性」が存在しない流体のこと。そのため「非粘性流体」とも呼ばれるのだが、それ以外に「理想流体」という別名もある。力学でしばしば摩擦力を無視するように、これも「簡単のため」粘りを無視するのである。何であれ、簡単にしてもらうのはうれしい。

この単純化の効果はじつに劇的だ。なにしろ完全流体は、局所ローレンツ静止系（自由落下する物体が静止するように見える局所ローレンツ系）では、運動量密度、エネルギー流束、応力がいずれもゼロになってしまうという。したがって、残るのはエネルギー密度と圧力だけ。一般のエネルギー・運動量テンソルと区別するために T にオーバーラインをつけた形で書くと、その行列はこうである。

$$\overline{T}^{\mu\nu} = \begin{pmatrix} \rho c^2 & 0 & 0 & 0 \\ 0 & p & 0 & 0 \\ 0 & 0 & p & 0 \\ 0 & 0 & 0 & p \end{pmatrix} \tag{7.37}$$

2 行目から斜めに 3 つ並んだ「p」は ρ（ロー）ではなく、pressure（圧力）の頭文字だ。これは「パスカルの法則」（流体のある部分に与えられる圧力はすべての方向で等しく、働く面に対して垂直になる）によって、3 つとも同じ値になるというのだからありがたい。この行列は、対角成分だけを抜き出して $\overline{T}^{\mu\nu} =$（$\rho c^2, p, p, p$）と表すことができる。

おかげでずいぶん簡単になったが、ここでさらに「圧力ゼロの完全流体」を考えるという。天体の集団などがある条件を満たす場合、粘性を無視するのに加えて、圧力も無視できるというのだからステキな話だ。すると $p = 0$ だから、その行列は左上の ρc^2 以外すべて 0。$T^{\mu\nu} =$（$\rho c^2, 0, 0, 0$）である。

ところで、局所ローレンツ静止系では 4 元速度が $u^\mu = (c, v^i)$ なので、$u^0 = c$ だという。したがって、ρc^2 は $\rho(u^0)^2$ と書ける。ゆえに、圧力 0 の完全流体のエネルギー・運動量テンソルはこう書けるのだった。

$$T^{\mu\nu} = \rho u^\mu u^\nu \tag{7.38}$$

とりあえず、アインシュタイン方程式を導出するには、このあたりだけ知っていればいいようだ。しかし次に進む前に、それよりもっと大事なことを知っておかねばならない。教科書によると、このエネルギー・運動量テンソルには次のような性質があるという。

$$\nabla_\nu T^{\mu\nu} = 0 \tag{7.39}$$

いきなりそんなことを言われても困るが、よく見ると、この ∇_ν は共変微分だ。すなわち、この式は「エネルギー・運動量テンソルの微分は 0 ですよ」とおっしゃっているわけです。……だから何なのだ？

じつはこの式、物理学ではものすごく大事な概念について語っている。なんと、この短い式が、エネルギーと運動量の「保存則」を表しているんですってよ！

どうしてこれが保存則になるのかは、例によっていまの私にはわからない。さっき出てきた「流束」などの概念をきちんと理解する必要があるようなので、今後の課題としよう。

それにしても、なぜここで急に保存則の話が出てきたのか？それはもちろん「あとで使うから」である。そして、すでに左辺と右辺のテンソルをすべて見てきたわれわれの行く手にあるのは、もはや「アインシュタイン方程式の導出」しかない。このエネルギー&運動量の保存則を胸に抱いて、いざ、頂上へ向けた最終アタックを敢行しようではないか！

第8章 アインシュタイン方程式

8-1 頂上までの道のりを再確認する

これから導出するアインシュタイン方程式の全貌をすでに私は知っている。だが、当然ながらアインシュタインは何が正解かわからずにあの方程式を生み出した。だから私も、頂上の風景をいったん忘れよう。現時点で、一般相対性理論の重力方程式を導出する上で判明しているのは、重力源（エネルギー&運動量）を表す右辺が、μ と ν という添え字を持つランク 2 のテンソルということだけだ。その係数も不明である。

一方の左辺は、右辺によって変化する重力場の様子を表すものになる。教科書によると、その方程式が共変形式で書かれるためには、**左辺も右辺と同じくランク 2 のテンソルでなければならない。**それを $G^{\mu\nu}$ と表記して、「アインシュタイン・テンソル」と呼ぶ。これを左辺に置き、右辺のエネルギー・運動量テンソルの係数を κ（カッパ）とすると、重力方程式はこんな仮の形で書けるのだった。

$$G^{\mu\nu} = \kappa T^{\mu\nu} \tag{8.1}$$

では、左辺の $G^{\mu\nu}$ の中身はどういう形になるのか。第6章では、時空の曲がりを表すアイテムとして、曲率テンソル、スカラー曲率、そしてメトリックの3つがあることを知った。$G^{\mu\nu}$ は、この3つのアイテムの組み合わせになるのだが、それはすべてランク2のテンソルでなければいけない。そのため曲率テンソルは、ランク4のリーマン曲率テンソルではなく、次のようにしてその縮約を取ったランク2のリッチ・テンソル（6.21）が採用される。

$$R_{\mu\nu} \equiv R^{\kappa}_{\mu\kappa\nu} = g^{\kappa\eta} R_{\eta\mu\kappa\nu}$$

ついでに復習しておくと、同様のやり方でこのリッチ・テンソルの縮約を取ったものが、（6.22）のスカラー曲率（リッチ・スカラー）だ。

$$R \equiv R^{\mu}_{\mu} = g^{\mu\eta} R_{\eta\mu}$$

さらに復習しておくと、次のとおり、ランク4のリーマン曲率テンソルの中身はクリストッフェル記号であり、クリストッフェル記号の中身はメトリックだった。

$$R^{\mu}_{\nu\lambda\kappa} = \partial_\lambda \Gamma^{\mu}_{\nu\kappa} - \partial_\kappa \Gamma^{\mu}_{\nu\lambda} + \Gamma^{\mu}_{\eta\lambda}\Gamma^{\eta}_{\nu\kappa} - \Gamma^{\mu}_{\eta\kappa}\Gamma^{\eta}_{\nu\lambda} \quad (6.9)$$

$$\Gamma^{\mu}_{\nu\lambda} = \frac{1}{2} g^{\mu\kappa}(\partial_\lambda g_{\kappa\nu} + \partial_\nu g_{\kappa\lambda} - \partial_\kappa g_{\lambda\nu}) \quad (6.15)$$

つまり、メトリックがわかればクリストッフェル記号がわかり、クリストッフェル記号がわかればリーマン曲率テンソルがわかり、リーマン曲率テンソルをメトリックで縮約すればリッチ・テンソルになり、リッチ・テンソルをメトリックで縮約すればリッチ・スカラーになる……というわけで、やはり**重力場の根底にはメトリック $g^{\mu\nu}$ がある。**これはランク2のテンソルだから、そのまま左辺の主役を演じてもらって問題ない。リッチ・スカラーはランク0のテンソルだが、メトリックの係数として使えば左辺に置くことができる。その両者にさっきのリッチ・テンソルを加えた3つの要素を組み合わせた方程式を一般的な形で書くと、こうなるのだった（a, b, Λ, κ はいずれも何らかの定数）。

$$aR^{\mu\nu} + bRg^{\mu\nu} + \Lambda g^{\mu\nu} = \kappa T^{\mu\nu} \tag{8.2}$$

第3項の定数を c ではなく Λ（ラムダ）としたのは、この Λ が歴史的に有名な定数だからである。いわゆる「宇宙定数」だ。アインシュタインは、自分の理論によって宇宙が膨らんだり縮んだりしてしまうことに気づいたという。しかし彼は宇宙が過去も未来も変わることのない静的な空間だと信じていたので、これはマズい。そこで宇宙を静止させるために「えいやっ」と導入したのが、宇宙定数 Λ とメトリックを組み合わせた「宇宙項」だった（アインシュタイン自身が Λ を使ったので、ここでもそれを踏襲している）。

ところが1929年に、エドウィン・ハッブルの発見によって本当に宇宙が膨張していることが判明した。それを受けて、アインシュタインは宇宙項を「人生最大の過ち」として取り下げたと言われている。宇宙論の歴史のなかでも最高にホットな名場面だが、詳しくはタテガキの解説書に譲る。本書では宇宙項のことを考えず、$\Lambda = 0$ とするので、結局、方程式の左辺は $aR^{\mu\nu} + bRg^{\mu\nu}$ となる。

あとは（8.2）の a, b, κ という3つの定数を導出すれば、アインシュタイン方程式の完成だ。

8-2
左辺の係数「a」と「b」

まずは左辺の2つから攻めよう。じつはここで役に立つ武器が、エネルギー・運動量テンソルの説明で最後になって急に出てきた（7.39）の「保存則」だ。

$$\nabla_\nu T^{\mu\nu} = 0$$

保存則があるので、エネルギー・運動量テンソルは共変微分がゼロになる。したがって、アインシュタイン方程式の右辺も（係数 κ が何であれ）共変微分はゼロだ。ならば、左辺も共変微分がゼロにならなければいけない。

$$\nabla_\nu (aR^{\mu\nu} + bRg^{\mu\nu}) = 0 \tag{8.3}$$

この形に「見覚えがある」という人は、たぶん数式リテラシーが異様に高い。私は、しょーた君に言われるまで思い出さなかった。そういう人は、192ページを開いてみよう。そこにビアンキの恒等式（6.23）というものがあるはずだ。

$$\nabla_\lambda R_{\mu\nu\kappa\eta} + \nabla_\eta R_{\mu\nu\lambda\kappa} + \nabla_\kappa R_{\mu\nu\eta\lambda} = 0$$

その縮約を取るとこうなるのでした。

$$\nabla_\nu \left(R^{\mu\nu} - \frac{1}{2} g^{\mu\nu} R \right) = 0 \quad (6.24)$$

そうだった、そうだった。あのとき、このカッコ内に突如として顔を出したアインシュタイン方程式の左辺にコーフンしたのだった。これと(8.3)を見比べれば、係数 a と b は即座に判明するではないか！　$a=1,\ b=-\frac{1}{2}$ である。

$$R^{\mu\nu}-\frac{1}{2}g^{\mu\nu}R=\kappa T^{\mu\nu} \tag{8.4}$$

ビアンキの恒等式に、これほどの威力があったとは！　これで、アインシュタイン方程式の左辺は完成だ。残った謎は右辺の κ のみ。このまま一気に攻めきるぞ皆の衆！

8-3 右辺の係数「κ」

ところで、一般相対性理論はニュートンの重力理論を丸ごと否定したわけではない。ニュートン理論は決して間違っていたわけではなく、まあまあ（つまり近似的には）良い理論だった。実際、たとえば海王星の存在を予言することに成功してもいる。だが、太陽の重力の影響をより強く受ける水星の動きは説明できなかった。それを説明できた一般相対性理論は、ニュートンの重力理論を「乗り越えた」といったほうがよかろう。丸ごと否定はしていないので、一般相対性理論はニュートンの万有引力の法則を含んでいるのだ。

したがって、**重力が弱い状況では、一般相対性理論はニュートン理論と一致するはず**である。たとえばニュートン理論で予言できた海王星の存在は、一般相対性理論でも同じように予言できなければダメだろう。重力の弱いところではニュートン理論のほうが正しいなんてことでは、アインシュタインがニュートンを乗り越えたことにならない。

そのため、これから求める係数 κ は、弱い重力場でアインシュタイン方程式とニュートンの重力理論を一致させるようなものでなければならないらしい。それが、この係数を決める上での制約ということだ。κ を通じて２つの偉大な重力理論が寄り添うように感じられ、私はちょっとうれしくなった。ニュートンとアインシュタインが、親切な河童（かっぱ）に仲介されて手を取り合う光景が目に浮かんでしまう。

河童はさておき、ここからは弱い重力場を舞台にして κ を求める。そこでは、メトリックがあまり変動しない。つまり、重力を含まない平坦な時空のメトリック（ミンコフスキー・メトリック）と、ほんのちょっとしかズレていない。教科書によれば、そういうメトリックを次のように表すそうです。

$$g_{\mu\nu} = \eta_{\mu\nu} + h_{\mu\nu}$$

$$|h_{\mu\nu}| \ll 1 \tag{8.5}$$

$h_{\mu\nu}$ が、メトリックのズレである。2 行目はそのズレの絶対値が「1 よりもめっちゃ小さい」という意味。ここで「1」と比較するのは、ミンコフスキー・メトリックの対角成分が $(-1, 1, 1, 1)$ だからだ。1 より「めっちゃ小さい」がどれぐらい小さいのかというと、しょーた君によれば、「1 に対して 0.1 だと、まだかなり大きい感じですよね」とのこと。「ケタ違いに小さい」よりも「めっちゃ小さい」のほうが小さい、ということかもしれない。

また、いまはニュートン理論がうまく当てはまる状況を想定しているので、重力場が弱いだけでなく、そこで運動する質点の速度は光速度よりめっちゃ遅いと考える。位置の時間微分が c よりめっちゃ小さい。式にするとこうだ。

$$\frac{dx^i}{d\tau} \ll c \tag{8.6}$$

さらにもうひとつ、教科書によると、このメトリックは時間的にきわめてゆっくりとしか変化していないものとするそうだ。つまり、メトリックの時間微分が近似的には 0 だと考えるという。ちなみに μ や ν の 4 つの成分のうち時間成分は 0 なので、時間微分の演算子は下のように ∂_0 と書く。

$$\partial_0 g_{\mu\nu} = 0, \quad \partial_0 h_{\mu\nu} = 0 \tag{8.7}$$

以上の条件に基づいて κ を求めるにあたって、まずは弱い重力場における質点の運動を測地線方程式で記述するそうです。おお、やはり使うのだな、測地線方程式。3 タイプの測地線方程式のうち、ここで使うのは（質点の速度が光速よりもめっちゃ遅いので）「時間的」(7.21) である。

$$\frac{d^2x^\mu}{d\tau^2} + \Gamma^\mu_{\nu\lambda}\frac{dx^\nu}{d\tau}\frac{dx^\lambda}{d\tau} = 0$$

さて、ここから計算を進めていくにあたって、大事な約束事がある。しょーた君によると、「めっちゃ小さい値になる項は無視する」そうです。具体的には、さっきの $h_{\mu\nu}$（メトリックのズレ）の2次以上の項と、$\frac{dx^i}{d\tau}$（速度）の2次以上の項を無視していいらしい。もともと「めっちゃ小さい」ものをかけ合わせたものは、明らかに無視できるほど小さいということだ。前に何かをテイラー展開したときもそうだったが、「細けぇことは気にすんな」的な物理学の姿勢は、頼もしいと言えば頼もしいけれど、ちょっと人を不安にさせる面がないこともない。

しかし細かいことは気にせず、まず測地線方程式の中央におわしますクリストッフェル記号がその計算によってどうなるかを見てみよう。クリストッフェル記号の定義式（6.15）に出てくるメトリックを $\eta_{\mu\nu} + h_{\mu\nu}$ に置き換えるのだが、全部を書くのは大変なので一部だけ紹介する。

$$\Gamma^\mu_{\nu\lambda} = \frac{1}{2}(\eta_{\mu\nu} + h_{\mu\nu})\{\partial_\lambda(\eta_{\kappa\nu} + h_{\kappa\nu}) + \cdots\} \tag{8.8}$$

で、この中カッコ内の微分はこうなる。

$$\partial_\lambda(\eta_{\kappa\nu} + h_{\kappa\nu}) = \partial_\lambda\eta_{\kappa\nu} + \partial_\lambda h_{\kappa\nu} = \partial_\lambda h_{\kappa\nu} \tag{8.9}$$

$\eta_{\mu\nu}$ は $(-1, 1, 1, 1)$ と数値の決まった定数なので、微分するとゼロ。したがって、$h_{\kappa\nu}$ の微分だけが残るわけだ。こういう計算を（6.15）全体でやっていくと、$h_{\mu\nu}$ の2次以上の項があちこちに現れる。それを無視して整理すると、クリストッフェル記号は近似的には次のようになるそうだ。

$$\Gamma^{\mu}_{\nu\lambda} = \frac{1}{2}\eta^{\mu\kappa}(\partial_{\lambda}h_{\kappa\nu} + \partial_{\nu}h_{\kappa\lambda} - \partial_{\kappa}h_{\lambda\nu}) \tag{8.10}$$

次に、ちょいと測地線方程式（7.21）の第2項に目をやると、そこには dx^{ν} と dx^{λ} のかけ算が含まれている。一方、先ほど $\frac{dx^i}{d\tau}$ の2次以上の項は無視することにした。ν や λ は時間と空間を合わせた4成分 $(0, 1, 2, 3)$ を意味するのに対して、i は空間成分 $(1, 2, 3)$ を意味している。**その $\boldsymbol{i}$ 成分の2次以上（つまり $\boldsymbol{i}$ と $\boldsymbol{i}$ のかけ算）の項を無視するのだから、$\boldsymbol{dx^{\nu}}$ と $\boldsymbol{dx^{\lambda}}$ のかけ算は $\boldsymbol{\nu = 0, \lambda = 0}$ の場合だけ考えればよいの**だった。やっぱり、「細けぇことは気にすんな」は、すがすがしい。

したがって (8.10) のクリストッフェル記号も、$\nu = 0, \lambda = 0$ の場合だけを考えればよい。ただしそこにはもうひとつ μ という添え字がある。これを時間成分（$\mu = 0$）と空間成分（$\mu = 1, 2, 3$）に分けて、それぞれ計算しよう。まず時間成分はこうだ。

$$\Gamma^{0}_{00} = \frac{1}{2}\eta^{0\kappa}(\partial_{0}h_{\kappa0} + \partial_{0}h_{\kappa0} - \partial_{\kappa}h_{00}) \tag{8.11}$$

この $\eta^{0\kappa}$ とは何かというと、ミンコフスキー・メトリックのいちばん上の行 $(-1, 0, 0, 0)$ である。つまり、$\eta^{01}, \eta^{02}, \eta^{03}$ はいずれも0なので、残るのは $\eta^{00}\,(=-1)$ だけだ。また、カッコ内の3つの微分と $\eta^{0\kappa}$ のかけ算は、上下の κ がアインシュタインの規約によって消えるので、h の添え字もみんな00になる。それを整理すると、次のようにきわめてシンプルな答えになるのだった。

$$\Gamma^0_{00} = \frac{1}{2}(-1)(\partial_0 h_{00} + \partial_0 h_{00} - \partial_0 h_{00}) = -\frac{1}{2}\partial_0 h_{00} = 0 \tag{8.12}$$

最後に0になる理由は、(8.7) を見ればわかる。この重力場では時間変化がほとんどないため、時間微分が0になるのだ。クリストッフェル記号の時間成分（$\mu = 0$）はゼロである。では、次に空間成分（$\mu = 1, 2, 3 = i$）を見てみよう。

$$\Gamma^i_{00} = \frac{1}{2}\eta^{i\kappa}(\partial_0 h_{\kappa 0} + \partial_0 h_{\kappa 0} - \partial_\kappa h_{00}) \tag{8.13}$$

ここでまた「時間微分はゼロ」というお約束により、カッコ内の最初の2つが消える。

$$\Gamma^i_{00} = -\frac{1}{2}\eta^{i\kappa}\partial_\kappa h_{00} \tag{8.14}$$

さらに上下の κ はやはりアインシュタインの規約で消えるので、最終的な形はこうだ（あとで使います）。

$$\Gamma^i_{00} = -\frac{1}{2}\partial^i h_{00} \tag{8.15}$$

これで、$\nu = 0, \lambda = 0$ のときのクリストッフェル記号がわかった。時間成分と空間成分をそれぞれ測地線方程式に代入しよう。まず時間成分（$\mu = 0$）はこうなる。

$$\frac{d^2x^0}{d\tau^2} + \Gamma^0_{00}\frac{dx^0}{d\tau}\frac{dx^0}{d\tau} = 0 \tag{8.16}$$

(8.12) よりこのクリストッフェル記号はゼロだから、残るのは1項目だけだ。

$$\frac{d^2x^0}{d\tau^2} = 0 \tag{8.17}$$

次に、空間成分（$\mu = i$）。

$$\begin{aligned} &\frac{d^2x^i}{d\tau^2} + \Gamma^i_{00}\frac{dx^0}{d\tau}\frac{dx^0}{d\tau} = 0 \\ \Rightarrow &\frac{d^2x^i}{d\tau^2} - \frac{1}{2}\partial^i h_{00}\frac{dx^0}{d\tau}\frac{dx^0}{d\tau} = 0 \end{aligned} \tag{8.18}$$

この時間と空間に分けた2つの測地線方程式(8.17)と(8.18)から何が言えるのか。まず固有時間τの2階微分である(8.17)は、逆に積分すると次の形になるそうだ。

$$x^0 = c\tau \tag{8.19}$$

ここでまた積分を習うのは遠回りすぎるので、しょーた君は、逆にこれを微分すると（8.17）になることを教えてくれました。本当にそうなったので、信じてください。ともかく、x^0はctだから、時間微分すると光速cが出てくるのだった。で、その計算の過程で、(8.17）を次のような形で書いた。

$$\frac{d^2x^0}{d\tau^2} = \frac{d}{d\tau}\left(\frac{dx^0}{d\tau}\right) \tag{8.20}$$

これのカッコ内のx^0に$c\tau$を代入すると、τをτで微分したものが1になるので、cだけが残ります。

$$\frac{dx^0}{d\tau} = \frac{d}{d\tau}(c\tau) = c \tag{8.21}$$

じつは、この（8.21）を（8.18）に代入するのである。ただし、この重力場はほぼ静止しており、座標時間が固有時間と等しくなっている（ニュートン理論の範囲内なので特殊相対論効果を考えなくてよい）ため、ここからはτをtと書くそうだ。すると（8.18）はこうなる。

$$\frac{d^2x^i}{dt^2} - \frac{1}{2}c^2\partial^i h_{00} = 0$$
$$\frac{d^2x^i}{dt^2} = \frac{1}{2}c^2\partial^i h_{00} \tag{8.22}$$

2行目で移項して形を変えたのは、この測地線方程式を次の方程式と比較したいからだ。

$$\frac{d^2x^i}{dt^2} = -\partial^i \phi \tag{8.23}$$

教科書によると、これはニュートンの運動方程式だそうです。ϕ は重力ポテンシャルだ。弱い重力場では、測地線方程式（8.22）がこのニュートンの運動方程式（8.23）と一致しなければならない。その条件は以下のとおりだ。

$$-\partial^i \phi = \frac{1}{2}c^2\partial^i h_{00}$$
$$-\phi = \frac{1}{2}c^2 h_{00}$$
$$h_{00} = -\frac{2\phi}{c^2} \tag{8.24}$$

はいはい、κ の姿がジワジワと見えてきたような雰囲気が漂ってきたよ〜。ゴールは近い。

8-4
これまでの成果を次々に使うのだ！

さて、いまのところ方程式の仮の姿はこうである。

$$R^{\mu\nu} - \frac{1}{2}g^{\mu\nu}R = \kappa T^{\mu\nu} \quad (8.4)$$

しかし、このままでは計算に手間がかかるので、これまでの関係を代入する前に、ちょいと書き換えるという。まず、$g_{\nu\mu}$ で縮約を取るそうだ。左辺からやってみよう。

$$g_{\nu\mu}\left(R^{\mu\nu}-\frac{1}{2}Rg^{\mu\nu}\right)=g_{\nu\mu}R^{\mu\nu}-\frac{1}{2}Rg_{\nu\mu}g^{\mu\nu} \quad (8.25)$$

これを整理するには、また第 6 章を振り返らねばならぬ。まず右辺の第 1 項は、添え字の上下こそ逆だが、(6.22) と同じだ。リッチ・スカラーの定義式である。

$$R \equiv R^{\mu}_{\mu}=g^{\mu\eta}R_{\eta\mu}$$

そして第 2 項は、(6.14) の定義式にこういうのがあった。

$$(g_{\mu\nu}g^{\nu\lambda}=\delta^{\lambda}_{\mu}) \quad (8.26)$$

この右辺は「クロネッカーのデルタ」と呼ばれる単位行列だ。逆行列同士をかけ合わせると、対角成分がすべて 1 で、それ以外の成分がすべて 0 の単位行列になる。(8.25) の第 2 項の場合は、δ^{μ}_{μ} という単位行列だ。4 つの対角成分がすべて 1 なので、計算すると 4 になる。そのため (8.25) は、次のとおり驚くほど簡単な形になるのだった。

$$R^{\mu}_{\mu}-\frac{1}{2}R\delta^{\mu}_{\mu}=R-\frac{1}{2}R\times 4=-R \quad (8.27)$$

一方、右辺はこうだ。

$$\kappa g_{\nu\mu}T^{\mu\nu}=\kappa T^{\nu}_{\nu} \quad (8.28)$$

したがって、$g_{\nu\mu}$ で縮約を取った重力方程式はこうなる（符号は逆にした）。

$$R=-\kappa T^{\nu}_{\nu} \quad (8.29)$$

次にこれを、縮約を取る前の重力方程式のリッチ・スカラー R に代入しまーす。(8.29) の T の添え字 ν は η に付け替えた。

$$R^{\mu\nu} + \frac{1}{2}\kappa g^{\mu\nu} T^{\eta}_{\eta} = \kappa T^{\mu\nu}$$

$$R^{\mu\nu} = \kappa\left(T^{\mu\nu} - \frac{1}{2} g^{\mu\nu} T^{\eta}_{\eta}\right) \tag{8.30}$$

教科書によると、最終的にはこの形をポアソン方程式と比較したいらしい。そこで注目すべきは、R^{00} 成分（$\mu = \nu = 0$）である。重力場のポアソン方程式の右辺にある物質密度 ρ はエネルギー・運動量テンソルの 00 成分に相当するからだ。前章の図 7-6 でいうと、左上の「エネルギー密度」がそれ。弱い重力場ではそこだけ考えればよいらしい。

00 成分を調べるにあたっては、まず、リッチ・テンソルの定義式（6.21）を使う。

$$R_{\mu\nu} \equiv R^{\kappa}_{\mu\kappa\nu} = g^{\kappa\eta} R_{\eta\mu\kappa\nu}$$

これの μ と ν が 0 だから、R_{00} はこう書けますよね。

$$R_{00} = R^{\kappa}_{0\kappa 0} \tag{8.31}$$

この右辺をリーマン曲率テンソルの定義式（6.9）の左辺に当てはめよう。(6.9) の μ を κ、ν を 0、λ を κ、κ を 0 に入れ替えると、こうなります。

$$R^{\kappa}_{0\kappa 0} = \partial_{\kappa}\Gamma^{\kappa}_{00} - \partial_0 \Gamma^{\kappa}_{0\kappa} + \Gamma^{\kappa}_{\eta\kappa}\Gamma^{\eta}_{00} - \Gamma^{\kappa}_{\eta 0}\Gamma^{\eta}_{0\kappa} \tag{8.32}$$

右辺の 4 つの項のうち、第 2 項は時間微分なので、時間変化がほとんどない弱い重力場ではゼロになる。また、クリストッフェル記号の中には $h_{\mu\nu}$ が含まれているため、そのかけ算となる第3項と第4項は$h_{\mu\nu}$の2次となり、無視できる。したがって、残るのは第1項だけだ。リッチ・テンソルの00成分はこんなにスッキリした形になった。

$$R_{00} = \partial_\kappa \Gamma^\kappa_{00} \tag{8.33}$$

さらに、これを時間微分と空間微分に分けてみよう。

$$R_{00} = \partial_0 \Gamma^0_{00} + \partial_i \Gamma^i_{00} \tag{8.34}$$

第1項は時間微分だから消える。第2項には、ちょっと前に導出した（8.15）を代入するそうだ。

$$\Gamma^i_{00} = -\frac{1}{2}\partial^i h_{00}$$

こんなの完全に忘れてました。代入すると、こうだ。

$$R_{00} = \partial_i\left(-\frac{1}{2}\partial^i h_{00}\right) = -\frac{1}{2}\partial_i \partial^i h_{00} \tag{8.35}$$

ここで、2つの微分記号を書き換える。添え字が$i\,(=1,2,3)$、つまり(x,y,z)の空間微分なので、前に出てきた∇（ナブラ）に置き換えることができるそうだ。ん？　ナブラ？

$$\nabla \equiv \left(\frac{\partial}{\partial x}, \frac{\partial}{\partial y}, \frac{\partial}{\partial z}\right) \quad (7.26)$$

これですね。はいはい、あったあった、そういうの。(8.35)ではこれが2つかけ合わされているので∇の2乗、つまりラプラス演算子（三角がひっくり返ってΔ）になる。さらに、(8.24)で、h_{00}はこうだった。

$$h_{00} = -\frac{2\phi}{c^2}$$

以上のことから、(8.35) はこう書ける。

$$R_{00} = -\frac{1}{2}\partial_i\partial^i h_{00} = -\frac{1}{2}\Delta\left(-\frac{2\phi}{c^2}\right) = \frac{1}{c^2}\Delta\phi \quad (8.36)$$

ところで、これは共変テンソルである。重力方程式のリッチ・テンソルは反変テンソル（添え字が上付き）なので、反変テンソルにしておくそうです。

$$R^{00} = g^{0\lambda}g^{0\kappa}R_{\lambda\kappa} = (-1)^2 R_{00} = \frac{1}{c^2}\Delta\phi \quad (8.37)$$

このメトリックのかけ算 $g^{0\lambda}g^{0\kappa}$ は $(\eta^{0\lambda}+h^{0\lambda})\times(\eta^{0\kappa}+h^{0\kappa})$ の計算なので、h^μ_ν の 2 次以上の項がいくつか出てくる。それを無視して計算すると、結局はミンコフスキー・メトリックだけが残るので、$(-1)^2$ になるのである。つまり、共変テンソルを反変テンソルにしても同じになるのだった。

8-5 最終アタック

さあ、この無謀な冒険もとうとう最後の直線を迎えたようだ。あらためて、κ を求めるための式 (8.30) を見てみよう。

$$R^{\mu\nu} = \kappa\left(T^{\mu\nu} - \frac{1}{2}g^{\mu\nu}T^\eta_\eta\right)$$

左辺の 00 成分は、(8.37) で明らかになった。次に右辺のエネルギー・運動量テンソルだが、前に述べたとおり、重力場のポアソン方程式の物質密度 ρ は、エネルギー・運動量テンソルの 00 成分に相当する。したがって、こちらも T^{00} だけ考えればいいようだ。これは何かというと、前章の (7.36) を見ればわかる。左上が T^{00} だから、

$$T^{00} = \rho c^2$$

また、(8.28) から明らかなように、T^η_η はこういうものだ。

$$T^\eta_\eta = g_{\eta\lambda} T^{\lambda\eta} \tag{8.38}$$

ここで前章の「圧力 0 の完全流体」が登場だ。いまは、$(\rho c^2, 0, 0, 0)$ という局所ローレンツ静止系を考えればいいそうだ。その場合、(8.38) は次のようになる。

$$T^\eta_\eta = -\rho c^2 \tag{8.39}$$

以上の関係を (8.30) の 00 成分に代入するぞ！（ここでは微小量を無視して、$g^{00}T^\eta_\eta$ は $\eta^{00}T^\eta_\eta$ とほぼ同じだと見なしているらしいよ！）

$$\begin{aligned} R^{00} &= \kappa\left(T^{00} - \frac{1}{2}g^{00}T^\eta_\eta\right) \\ &= \kappa\left(\rho c^2 - \frac{1}{2}\rho c^2\right) = \frac{1}{2}\kappa\rho c^2 \end{aligned} \tag{8.40}$$

これと (8.37) を合わせると、次の関係が成り立つよね！

$$\frac{1}{c^2}\Delta\phi = \frac{1}{2}\kappa\rho c^2 \tag{8.41}$$

ところで重力場のポアソン方程式 (7.33) はこうだった！

$$\Delta\phi = 4\pi G\rho$$

だから (8.41) の左辺もこれと揃えて $\Delta\phi$ にしてみよう！

$$\Delta\phi = \frac{1}{2}\kappa\rho c^4 \tag{8.42}$$

「いよいよ、最後の計算です！」

式を書く手を止めて、しょーた君が私を見た。
私も書き写す手を止めて、しょーた君を見る。
「ここは、深川さんが自分でアタックしてください！」
「……お、おう！」

あとは、(7.33) と (8.42) を一致させるだけである。そうすれば、弱い重力場でニュートン理論とアインシュタイン理論が一致するのだ！　カモーン、河童さん！

$$\begin{aligned}\frac{1}{2}\kappa\rho c^4 &= 4\pi G\rho \\ \frac{1}{2}c^4\kappa &= 4\pi G \\ \kappa &= \frac{8\pi G}{c^4} \qquad (8.43)\end{aligned}$$

ついに κ が求まった！　ニュートン理論を内包しつつ乗り越えたアインシュタイン方程式は、こ・れ・だ〜〜〜！

$$R^{\mu\nu} - \frac{1}{2}Rg^{\mu\nu} = \frac{8\pi G}{c^4}T^{\mu\nu}$$

もちろん、最初からこの方程式は知っていた。だが、それは絵葉書で見た名所旧跡みたいなものだ。私はいま、なんとか自分の足で、そこに到達した。たとえば、初めてパリで見た凱旋(がいせん)門。あるいは、初めてローマで見たコロッセオ。数式から導出した κ は、それらと同じように、いや、それ以上にリアルだ。ここで出会った κ のみずみずしい輝きを、私は死ぬまで忘れないだろう。感無量である。

$R^{\mu\nu}-\frac{1}{2}g^{\mu\nu}R=\frac{8\pi G}{c^4}T^{\mu\nu}$
$\frac{1}{2}\kappa\rho c^4=4\pi G\rho$
$\frac{1}{2}c^4\kappa=4\pi G$
$\kappa=\frac{8\pi G}{c^4}$

エピローグ 方程式を「読む」「解く」ということ

敗北感と達成感

私はいま、6年前につくば駅前で食べたホルモン焼きを思い出している。指南役のしょーた君との最初のミーティングだ。意を決して苦手な数式に取り組もうとしていた私は、あえて同じくらい苦手なホルモン焼きに挑んだのだった。$R^{\mu\nu}$ が「あーるのみゅーにゅー乗」ではない（！）という事実に衝撃を受けた、あの夜である。

その店には、食えるホルモンと食えないホルモンがあった。意外にウマいものもあったが、やはり口に合わないものは合わない。いまから振り返れば、じつに予言的な会食だった。あの日から始まった長い道中には、食える数式と食えない数式があったからだ。わかるものは意外にわかるが、わからないものは、やはりわからない。

とくに一般相対論ワールドに踏み込んでからは、接続と共変微分、測地線方程式、エネルギー・運動量テンソル……などなど、よくわからないところを次々と「わかったこと」にしながら山頂を目指した。勉強を始める前は「これは入門ではなく冒険だ！」などと嘯いてみたものの、結局のところ自力での登頂はかなわず、途中で何度もヘリに乗せてもらって難所をスキップしたのだから情けない。冒険とは名ばかりで、実際は甘っちょろい体験ツアーに参加したようなものである。敗北感は大きい。笑わば笑え。

杉山直先生の教科書やしょーた君の説明などを通じてわかったような手応えを感じたところもあるものの、その多くは厳密な理解とはほど遠いにちがいない。きちんと理解したいみなさまは、どうぞ私の独自解釈をアテになさらぬようお願いします。数式を飛ばしながら読んだみなさまにも、相対性理論の奥深さ、面白さ、難しさは多少なりとも伝わったと思うので、せめて私の無謀な試みが、物理学を学ぶきっかけになれば幸甚だ。私もこれが勉強のスタート地点だと思っている。本書は特殊相対性理論が「出発前の準備編」だったが、ご覧のとおり、このド文系おやじは出発前の準備のための準備さえできていなかった。なにしろ義務教育で習う「仕事」さえわかっていなかったのだから、中学の理科からやり直そうと思う。

だが、敗北感は必ずしも達成感を損ねない。それが両立することをいちばんよく知っているのは、たぶんスポーツ関係者だろう。甲子園の高校野球がそうであるように、たったひとりのチャンピオン以外はみんな「負けて終わる」のがスポーツだ。もし勝者のみが達成感を得るとしたら、これほど虚しい営みはない。しかし実際には、1回戦で敗退した者から決勝で敗れた者まで、それぞれの敗者にそれぞれの達成感がある。微妙な匙（さじ）加減でブレンドされた敗北感と達成感のバランスこそが、スポーツの醍醐味だ。

いや、それはむしろ人生そのものの醍醐味といってよい。私の数式体験も、まさにそうだった。敗北感は大きい。だが、達成感も想像していたより大きかった。

とくに前半は、ガリレイ変換、ローレンツ変換、不変間隔、そしてあの $E = mc^2$ の導出など、小学校から高校までの算数や数学の勉強では味わったことのない達成感の嵐だった。数式と戯れるように触れあいながら、その姿をあれこれと変形させ、最後には物理的な意味を感じさせる美しい形にたどり着いたときのヨロコビ。それは、多くの読者とも共有できたのではなかろうか。

また、タテガキの入門書では出会えないさまざまアイテムに親しむこともできた。最初はただ不気味な記号でしかなかった接続に感謝の念を抱けるようになったし、曲率テンソルとクリストッフェル記号とメトリックの深遠な関係も知ることができた。2歳児レベルのカタコトではあるが、宇宙を表現する「数学の言葉」をちょっとだけ身につけられたのはうれしい。

最後まで（本当に）イヤな顔ひとつせずに伴走してくれたしょーた君も、「険しいところも多く、時間はかかったけれども、楽しい登山でした！ ボク自身も学び直すところがたくさんあり、とても勉強になりました」とのこと。さらに、こんなことも話してくれた。

「深川さんの成長は本当に驚き！ アインシュタイン方程式を音読するところから始めたとは思えないほど、教科書の中身や数式が表現する物理現象について議論を深めることができました」

議論といっても私は一方的に質問するばかりだったわけだが、考えてみれば、この6年間でそれなりに物理学徒と「数式で交流」できるようになった気がする。こんどカブリ IPMU のティータイムにお邪魔する機会があったら、コソコソしないでホワイトボードの前に行き、「こ、これはテンソルですか？」とか話しかけてみようっと。

「内側」から読む方程式

ここで、先ほど導出したばかりの……いや、ホルモン焼きの夜から6年間ずうううううううっと心の片隅に引っかかっていた（時には寝床でうなされることもあった）アインシュタイン方程式をあらためて眺めてみたい。

$$R^{\mu\nu} - \frac{1}{2}Rg^{\mu\nu} = \frac{8\pi G}{c^4}T^{\mu\nu}$$

6年前にこれを「読むぞ！」と決意したときは、ただ左から順に読めばいいのだろうと思っていた。まず左辺の第1項が何を意味しているのかを学び、次に第2項の意味を理解すれば、その引き算がどんな意味を持つのかもわかるはずだ、と単純に考えていた。

「リンゴが10個あります。たかし君が3個も食べちゃいました。リンゴはいくつ残っていますか？」

……こういうときに使うのが、私の知っている引き算だ。だからアインシュタイン方程式も、「リッチ・テンソルからメトリックとリッチ・スカラーの積の2分の1を引くとエネルギー・運動量テンソルになります」と読みたくなる。

しかし、この式の「引き算」自体に意味を見出すのは難しそうだ。そもそも左辺全体が「アインシュタイン・テンソル」というひとつのまとまりなのである。その左辺の姿を決めているのは右辺のエネルギー・運動量テンソルだから、むしろこの式は右から読むべきなのだろう。右辺のエネルギー・運動量テンソルがランク2だから、左辺のアインシュタイン・テンソルもランク2になる。

もうひとつ、右辺で重要な特徴は「共変微分がゼロになる」という性質だ。そのため、左辺も共変微分がゼロでなければいけない。その条件を満たすのが「縮約したビアンキの恒等式」(6.24) だった。共変微分がゼロになるその式のカッコ内は、リッチ・テンソルとリッチ・スカラーとメトリックを組み合わせたランク2のテンソルだったのである。

$$\nabla_\nu\left(R^{\mu\nu} - \frac{1}{2}g^{\mu\nu}R\right) = 0 \quad (6.24)$$

ビアンキの恒等式 $\nabla_\lambda R_{\mu\nu\kappa\eta} + \nabla_\eta R_{\mu\nu\lambda\kappa} + \nabla_\kappa R_{\mu\nu\eta\lambda} = 0$ の縮約を取ると、結果的に（6.24）の形になるという話だから、「引き算の意味」にとらわれず、全体として「こういうものだ」と受け入れるしかないだろう。左から順に読むのではなく、左辺と右辺それぞれの中身を、いわば「内側」から読まなければいけない。ここまでやってきたのは、まさにそういう作業だった。

数式の予言が当たったことの驚き

その中身を苦労しながら読んでみると、この方程式から予言されたブラックホールや重力波が観測によって発見され、本当に存在するとわかったのは、けっこうな驚きだ。数式ナシで相対論を語るタテガキの入門書から、こういう驚きを感じたことはなかった。

それ以前に、アインシュタインがこの重力場の方程式を見つけたこと自体が、専門家にとっては驚くべきことのようだ。味わい深いエッセイの書き手でもある物理学者の須藤靖氏は、東京大学での講義をまとめた『一般相対論入門』（日本評論社）のなかでこう書いている。

〈具体的に何か $T^{\mu\nu}$ を与えたときに $g^{\mu\nu}$ を計算して導くことができるような方程式は存在するのだろうか？　常識的には、そのような壮大なもくろみを実現するような方程式を書き下すことなど不可能であると思われる（そう思うべきである）。し

かし奇跡的にもアインシュタインはそのような方程式を見つけてしまった〉

相対性理論を扱うタテガキの入門書では、たいがい、本書の第 5 章前半で触れた等価原理や潮汐力などについての説明がある。自由落下する人は引力を感じないから重力が消えたように思えるが、潮汐力は消えない。だから重力の本質は時空の歪みなのだ！　——読者はその時点で「ほほう、なるほど！」と感心する。少なくとも私はそうだった。特殊相対論を生むきっかけとなった「光との並走」もそうだが、アインシュタインの天才性をわれわれに思い知らせるのは、思考実験の切れ味だ。そこから生まれるひらめきがすばらしいので、宇宙がアインシュタインの予言どおりであることが実証されても「そりゃあ、まあ、そうでしょうね」と、当然のこととして受け止めてしまう。

でも、アインシュタインが自らの理論を方程式で表現するまでの道のりを（表面的にではあれど）追体験してみると、これはそう簡単な話ではない。私ごときがこんなことをいうと怒られるにちがいないので小声で囁くけれど、アインシュタインが到達した方程式には、思考実験で見せたような切れ味が感じられないのです……。

いや、それはもちろん、私の理解が浅いせいだとは思う。ただ、思考実験によるひらめきには、理解の浅い者さえも「なるほど、すげえ！」と唸らせるだけのパンチ力があった。それに対して、方程式のほうは、どうもモゴモゴとした印象が拭えない。右辺の制約によって左辺がこうなる——といった理屈はわかる。しかし、たとえば吉田伸夫氏の『完全独習相対性理論』

（講談社）によると、じつは曲率テンソルとメトリックを組み合わせて作られるランク２のテンソルは「無数に存在する」そうだ。だからアインシュタイン・テンソルを何らかの形で制限しないといけないのだが、「制限として何を選ぶべきかは、いまだはっきりしていない」ともいう。ひえ〜。そう聞いてしまうと、「ホントにこの組み合わせでいいの？」「ほかのパターンも考えてみれば？」などと心配になってしまうわけです。

私ごときがいまさら心配しても仕方ないが、友人グロスマンの助太刀を得ながら３年かけてリーマン幾何学の勉強に取り組んで、やっとこの方程式を導き出したアインシュタイン自身、じつは半信半疑だったということはないのだろうか？　自分の理論なら水星の内側に惑星ヴァルカンは不要だ！　と説明はできたものの、内心「あとでヴァルカン見つかっちゃったらどうしよう……」などとビクビクしていたかもしれないじゃないですか（知らんけど）。

そんな想像をしてみると、アインシュタインの重力理論が正しいことを証明したエディントンの日食観測は、私がこれまで思っていた以上の大事件だったにちがいない。きっとエディントンさんも「うひょー！　ほんとにアインシュタインの理論で合ってたのかよ！」と、腰を抜かすほどビックリ仰天しただろうと思えるのだった（知らんけど）。

一般的な解法は存在しない！

重力で光が曲がること以外にも、「ブラックホールができる」「重力波が存在する」……などなど、アインシュタイン方程式の計算結果からは、さまざまな予言が得られた。

ただし、この方程式を解くのは容易ではないらしい。両辺とも4次元時空におけるランク2のテンソルなので、成分は16個（4×4）。ただしどちらも対称なテンソル（μとνを入れ替えた01と10、12と21、23と32などが同じ）なので、独立な成分は10個だ。前にも述べたが、これはあの方程式が「10個の連立方程式」であることを意味している。たしかに、$\mu\nu$を$00, 01, 02, 03, 11, 12, 13, 22, 23, 33$に置き換えれば10通りだ。

しかもその10個はどれも「2階の非線形微分方程式」というものだという。字面だけで目を逸らしたくなるオーラが漂っているが、どうやら、2階の非線形微分方程式を厳密に解く方法は一般的には存在しないようだ。アインシュタイン方程式も、一般的に解くのは現在のコンピュータを使ったとしても困難だという。特殊な状況設定に限定して計算しないかぎり、計算量が膨大すぎるのだ。

そのためアインシュタイン自身も、自分の方程式はそう簡単には解けないだろうと思っていたらしい。しかし、一般相対性理論を発表してから間もない時期に、ある特定の条件下でその方程式を解いたという論文がアインシュタインのもとに届いた。かの有名な「シュヴァルツシルト解」である。

ドイツのポツダム天体物理天文台の台長を務めた天体物理学者カール・シュヴァルツシルトは、アインシュタインが1915年11月に一般相対性理論の論文を発表したとき、砲兵技術将校としてロシア戦線に従軍していた。その前年に第一次世界大戦が勃発したとき、もう40歳をすぎていたにもかかわらずドイツ軍に入隊したのだ。そんな最前線で論文を手に入れて読解し、誰よりも早く方程式を解いてしまったのだから、おそるべき精神力だ。

よく知られているとおり、シュヴァルツシルト解はブラックホールの存在を示唆するものだった。球対称で静的な（つまり時間変化しない）時空に質量が存在するという特殊な状況設定でアインシュタイン方程式を解くと、ある領域の内側からは光速でも脱出できなくなってしまう。それを表しているのがシュヴァルツシルト解であり、脱出速度が光速になる領域の半径を「シュヴァルツシルト半径」という。

戦場から論文を受け取ったアインシュタインは、自分の方程式が解かれたことに驚き、翌年1月、プロイセン科学アカデミーでそれを代読した。シュヴァルツシルト自身は、従軍中にかかった病気のために、その年の5月に死去。大戦の真っ最中に、ロシア戦線から論文がちゃんと届いて本当によかった。しかし考えてみれば、アインシュタインもまたえらい時期にえらい理論を発表したものである。

これがシュヴァルツシルト解だ！

そのシュヴァルツシルト解とは、どんなものだったのか。いや、その前に、そもそもあの方程式を「解く」とはどういうことなのかがよくわからない。中学校で習う連立方程式なら、x と y の値を求めればよかった。だがアインシュタイン方程式には、x も y も出てこない。一体、あの式のなかのどれを求めれば解いたことになるんだ？

それは、メトリックである。左辺のアイテムはどれもその根底にメトリックがあるからだ。リッチ・スカラーはリッチ・テンソルの縮約で、リッチ・テンソルはリーマン曲率テンソルの縮約で、リーマン曲率テンソルはクリストッフェル記号で書かれ、クリストッフェル記号はメトリックで書かれるので、メトリックさえわかれば左辺は計算できる（すなわち歪んだ時空の構造がわかる）。つまり**アインシュタイン方程式は、「メトリックを求めるための微分方程式」なのだ**。したがって、ある条件の下で微分方程式を満たすメトリックを見つけることができれば、解いたことになる。

さらにシュヴァルツシルト解の場合は、「静的なメトリック」を求めるので、時間的な変化はない。つまり、ここで知りたいメトリックは場所のみの関数だ。また、第6章で見たとおり、メトリックは次のような形で書ける。

$$ds^2 = g_{\mu\nu}(x)dx^\mu dx^\nu \quad (6.10)$$

したがって、ds^2 がどういう形になるのかわかれば、すべての $g^{\mu\nu}$ を知ったことになる。そのためシュヴァルツシルト解は「$ds^2 =$〜」という形になるのだった。計算プロセスは省略して、結論だけご覧にいれよう。ジャジャーン。これがシュヴァルツシルト解だ！

$$ds^2 = -\left(1 - \frac{r_g}{r}\right)(cdt)^2 + \frac{dr^2}{1 - \frac{r_g}{r}} + r^2 d\Omega^2 \qquad (9.1)$$

球対称で静的な時空という単純な設定でもこんなに複雑な解になるのか……と呻き声が漏れそうになるが、じつはそうでもない。右辺の2ヵ所に顔を出す r_g は定数だ（きわめて重要な意味を持つ定数だが、それはあとで説明しよう）。r は、球対称時空の中心からの距離である。

では、試しに $\frac{r_g}{r}$ の分母に ∞（無限大）を代入するとどうなるか。2つの分数はいずれもほとんど0になるので、次の式とほぼ同じになる。

$$ds^2 = -(cdt)^2 + dr^2 + r^2 d\Omega^2 \tag{9.2}$$

これ、じつはミンコフスキー時空の不変間隔だ。見たことのない形なので、説明しよう。直交座標の場合、ミンコフスキー時空の不変間隔はこう書ける。(3.20) で示したものとは第 1 項の書き方を変えた。

$$ds^2 = -(cdt)^2 + dx^2 + dy^2 + dz^2 \tag{9.3}$$

しかし球対称な空間を扱うときは、直交座標よりも極座標のほうが便利である。3 次元の直交座標が (x, y, z) で位置を表すのに対して、3 次元の極座標は原点からの距離 r と 2 つの角度パラメータ θ, ϕ で位置を表す。θ（x 軸からの角度）と ϕ（z 軸からの角度）はそれぞれ「緯度」と「経度」だと思えばよい。(9.3) をその極座標で書くと、こうなる。

$$ds^2 = -(cdt)^2 + dr^2 + r^2 d\theta^2 + r^2 \sin^2\theta d\phi^2 \tag{9.4}$$

これの右辺の第 3 項と第 4 項を r^2 でくくると、カッコ内は $(d\theta^2 + \sin^2\theta d\phi^2)$ となる。それをまとめて $d\Omega^2$ と置いたのが、(9.2) の式だ。右辺の 4 項の係数を見れば、中心から無限に離れて重力の影響を受けないところでは、シュヴァルツシルト解は単純なミンコフスキー・メトリック $(-1, 1, 1, 1)$ になることがわかる。

では、その r を逆にどんどん小さくしていく（距離が中心に近づいていく）と何が起こるのか。まず、もっとも小さい値、つまり $r = 0$ の中心部では、(9.1) の 2 つの分数 $\frac{r_g}{r}$ の分母が 0 になってしまう。「0 では割れない」のは数学の基本だ。物理学でも、これは困る。分母が0だと計算が発散してしまい、物理量が定義できない。いわゆる「特異点」である。

また、それ以前にrがr_gよりも小さくなったところで、奇妙な状態になるそうだ。というのも、$r < r_g$だと、$\frac{r_g}{r}$は1より大きくなる。すると、$(cdt)^2$のメトリック（係数）は符号がマイナスからプラスに変わり、dr^2のメトリックは符号がプラスからマイナスに変わるわけだ。もともと、符号がマイナスだった前者は時間、プラスの後者は空間を表していた。符号が逆転すると、まるでそれぞれの意味合いもひっくり返ってしまうようなおかしな雰囲気が漂う。

じつは、このr_gこそが、いわゆる「シュヴァルツシルト半径」なのだそうだ。その半径よりも内側からは、光の速度でも脱出できない境界線。「事象の地平線」とも呼ばれる、ブラックホールの敷居みたいなラインである。

では、定数r_gはどうやって計算すればよいのか。このr_gは、ミンコフスキー時空からのズレを与えているそうだ。(8.5)では、弱い重力場におけるミンコフスキー時空からのズレを次のように$h_{\mu\nu}$で表した。

$$g_{\mu\nu} = \eta_{\mu\nu} + h_{\mu\nu}$$

このズレと重力ポテンシャルϕにはこんな関係がある。

$$h_{00} = -\frac{2\phi}{c^2} \tag{9.5}$$

これとシュヴァルツシルト解から次の式が得られる。

$$g_{00} = -\left(1 - \frac{r_g}{r}\right) = \eta_{00} + h_{00} = -\left(1 + \frac{2\phi}{c^2}\right) \tag{9.6}$$

質量Mが作る重力ポテンシャルはこうだ。

$$\phi = \frac{-GM}{r} \tag{9.7}$$

したがって、シュヴァルツシルト半径はこうなります！

$$r_g = \frac{2GM}{c^2} \tag{9.8}$$

つまり、シュヴァルツシルト半径は、時空の中心にある質量 M によって決まるのである。質量が大きいほど、シュヴァルツシルト半径も大きい。たとえば太陽の質量から計算すると、シュヴァルツシルト半径は約 3 キロメートルだ。約 70 万キロメートルある太陽の半径を（質量はそのままで）ぎゅぎゅーっと 3 キロメートルまで圧縮するとブラックホールになるのである。地球の場合、シュヴァルツシルト半径はわずか 9 ミリメートル程度。いずれにしろ、おそるべき密度の高さだ。

天才の偉業に「あたりまえ」などない

もっとも、シュヴァルツシルトがこの解を出した時点では、そんな天体が宇宙に実在するとは誰も思わなかった。アインシュタイン自身、自分の方程式からこの興味深い解が得られたことを喜びつつも、それが示唆する「光さえ飲み込む天体」の存在など荒唐無稽なお話だと思ったらしい。1939 年には、天体がシュヴァルツシルト半径より小さくなるまで圧縮されることはあり得ないとする論文も発表したそうだ。

その気持ちは、なんとなくわかる。前にも書いたとおり、こうして実際に数式と格闘してみると、ヨコガキの理論はタテガキの解説よりも何だか頼りない。そりゃあ、数式を論理的に組み立てていけばそういう話になるんでしょうけど、現実の世の中はねぇ……などとブツブツいいたくなり、つい「机上の空論」という言葉が思い浮かんだりするのである。青臭い議論の嫌いな頑固ジジイみたいだが、こんな紙の上の作業で自然界のことなんかわかるような気がしない。大事なのは理論よりフィールドワークだ！　理屈ばっかりこねてないで、宇宙のことが知りたかったら宇宙を見ろ宇宙を！

……ところが、アインシュタインの理論を信じた人たちが一生懸命に宇宙を見ていたら、本当にあったんですよねぇ、ブラックホール。ニュートン理論が予言した惑星ヴァルカンはなかったけど、ブラックホールはあった。それも、1つや2つではない。いまやどの銀河の中心にも超巨大ブラックホールがあるとされている。宇宙はブラックホールだらけだ。しかも、その写真まで撮影される時代である。

また、2015年には、やはりアインシュタイン方程式からその存在が予言された重力波が初めて直接検出された。シュヴァルツシルト解と違って、重力波はアインシュタイン自身が自分の方程式から得た解に基づいて予言したものだ。もう詳しい数式は見ないが、それは、ミンコフスキー・メトリックから少しだけズレた成分が近似的な波動方程式にしたがって光速で伝播（でんぱ）する——という解であるらしい。シュヴァルツシルト半径の計算にも使った例の $g_{\mu\nu} = \eta_{\mu\nu} + h_{\mu\nu}$ が、きっとそこでも活躍したのだろう。

ともあれ、これもまた「近似」の話だ。重力波といえば、太陽と地球の距離が水素原子1個分だけ伸縮する程度の変化しか生じない現象だと聞く。そんな微細な波動が「近似解」から導かれるなんて、私のような素人から見ると、ちょっと信用ならない。この予言が当たるかどうか1万円賭けろといわれたら、たぶん「ハズレ」に賭けてしまうと思う。

だが、アインシュタインの予言は正しかった。2015年9月に米国の重力波望遠鏡LIGOが初めてキャッチしたのは、太陽の30倍程度の質量を持つ連星ブラックホールが合体する際に放射された重力波だ。アインシュタインが「あるわけがない」と考えたブラックホールから、アインシュタインが「あるはずだ」と考えた重力波が届けられたのだから、じつにスリリングな成り行きである。

そして、いまの私がそこにゾクゾクするようなスリルを感じられるのは、数式でアインシュタインの理論に取り組んだからこそだろう。前にも言ったように、ブラックホールや重力波が一般相対論の予言どおりに見つかったという話を聞いても、昔は「さすがアインシュタインは天才だよね」と思うだけだった。いわば将棋の藤井聡太二冠の勝利を「そりゃあ、天才なんだから勝ってあたりまえでしょ」と感じるのと同じだ。天才アインシュタインの理論は「正しくてあたりまえ」と受け止めてしまうのである。

でも、どんな天才だろうと、その偉業に「あたりまえ」のことなどひとつもないのだ。おそらく藤井聡太二冠の戦いぶりも、棋譜を読めるくらい将棋に詳しい人々にとっては、スリリングな驚きの連続であるにちがいない。アインシュタインの理論も同じだ。彼が「奇跡的」に見つけた重力方程式を読んだからこそ、いま私は心底からこう言える。

アインシュタイン先生、重力波の発見、本当におめでとうございます！　あんた、すげえよ！

ブラックホール!?
マジで!?
重力波!?
ホラね〜!!
言ったでしょ〜!
ホラ
ホラ〜♡
パチ
パチ
パチ
パチ
パチ
パチ

あとがき

本書の〆切が迫っていたある日、私は別件の取材でつくば市のKEK（高エネルギー加速器研究機構）を訪れた。昼休みには広報室の片隅でしょーた君と食事をしつつ、いそいそと相対性理論の教科書を開く。どうしても意味がわからない数式があり、私たちは焦燥感に駆られていた。

「しょーた君、何やってんの？」

横から興味深そうに教科書をのぞき込んだのは、隣でコンビニのホットドッグをパクついていた背広姿の老紳士だ。

「この式がよくわからないんですよー」

しょーた君が、懸案の式を指さす。老紳士は、その数式が書かれたページをざっと眺めると、こう言って微笑んだ。

「こんな等式ひとつに引っかかってるの？　教科書はね、わからないところは飛ばしてどんどん先に行けばいいんだよ」

老紳士が立ち去ってから、しょーた君に「どなた？」と聞いたら、平然と「あ、うちの名誉教授です」と言うので、椅子から転げ落ちそうになった。そんなお方が広報室の隅っこでホットドッグなんか食べてるとは思わないじゃないか。

ともあれ私はそのとき、すとん、と気が楽になった。わからないところは後回しにして先へ進む。勉強は、それでよろしい。私のことなどご存知ない物理学者が自分を励ましてくれた、と勝手に受け止めたのだ。結果、その数式は本書でもわからないままになっている（どの式かは察してください）。

しかし、勉強はそれでよいとはいえ、お世話になった教科書には、自分のわからなさ加減をお詫びしたい気持ちでいっぱいだ。本書の構成や内容は、杉山直先生の『講談社基礎物理学シリーズ 9 相対性理論』に大きく依拠している。「相対性理論という学問の持つストーリー性も強調した」（同書「まえがき」より）というこの教科書は、ガリレオの相対性原理からアインシュタイン方程式の導出までの道筋が明快で、じつに頼りになる存在だった。杉山先生、どうもありがとうございました。この教科書（およびシェルパ役のしょーた君）を推奨してくださった羽澄昌史先生にも、感謝しております。本書を読んで相対性理論をちゃんと学びたくなったみなさんには、ぜひとも杉山先生の教科書を手に取っていただきたい。

校了間際には、さらにお二人の物理学者のご助力を得た。東京大学カブリ IPMU の歴代機構長、村山斉先生と大栗博司先生である。本の帯に感想コメントをいただくだけでなく、両先生からは内容に関する多くのアドバイスを頂戴した。重大な間違いも正していただき、まさに遭難から救っていただいたようなものだ。ひたすら頭（こうべ）を垂れるばかりである。私は果報者だ。日頃から両先生と私をさまざまな形でつないでくださる幻冬舎の小木田順子さん、元朝日カルチャーセンターの神宮司英子さん、カブリ IPMU の榎本裕子さんにも、感謝の念を送ります。

ほかにも、ノリノリの装画と挿絵で本書を盛り上げてくださったイラストレーターの服部元信さん、デザイナーの齋藤ひさのさん（ついに自著の本文デザインをお願いできてうれしい）、オンライン LaTeX エディター Overleaf、Online LaTeX Equation Editor などに、大変お世話になった。

そして、微分もベクトルもわからぬおじさんの勉強に 6 年間もつきあってくれたしょーた君こと髙橋将太さんに、最大級の感謝を捧げたい。どんな難題や苦境に直面してもどこか楽しげに数式を書きまくるしょーた君がいなかったら、私はとっくの昔に精神面で遭難していたと思う。最高の相棒だ。いつかまたコンビを組んで、何か面白いことをやりましょう！

ところで、およそ30年におよぶライター人生のなかで、私が自ら「こういうのを書いてみたい」と編集者に申し出た企画は、本書が初めてである。それがこの非常識な試みだったのだから、自分でもどうかしていると思わないでもない。

それまでは、著書も雑誌コラムも、編集者からの提案や依頼を受けて書いていた。五十路を迎えてからそんな心境になるのもいささか情けないが、ずっと受け身の姿勢で仕事をしてきた男が、一度くらいは殻を破ってみたくなったのかもしれない。

とはいえ、こんなバカげた企画が実現するわけがないと思っていたのだが、酒の力を借りて話したアイデアを面白がり、いつの間にかさらっと企画会議を通してくれたのが、講談社ブルーバックス編集部の山岸浩史さんだった。もしかしたら、いちばん無謀なのは私ではなく、山岸さんかもしれない。この数式まみれの型破りな本を世に出せる形でまとめ上げられる編集者は、たぶん彼しかいないと思う。本書が少しでも読者を楽しませるものになったとすれば、それは山岸さんの類い希なるパワフルな編集力のおかげである。一方、本書の間違いがすべて著者の責任であることは、言うまでもない。

2021年4月　穀雨の重力場にて

深川峻太郎

参考文献

[1]　杉山直『講談社基礎物理学シリーズ 9　相対性理論』(講談社)

[2]　P.A.M. ディラック　江沢洋訳『一般相対性理論』(ちくま学芸文庫)

[3]　須藤靖『一般相対論入門』(日本評論社)

[4]　松田卓也　二間瀬敏史『なっとくする相対性理論』(講談社サイエンティフィク)

[5]　富岡竜太『あきらめない一般相対論』(プレアデス出版)

[6]　吉田伸夫『完全独習相対性理論』(講談社サイエンティフィク)

[7]　石井俊全『一般相対性理論を一歩一歩数式で理解する』(ベレ出版)

[8]　小林晋平『ブラックホールと時空の方程式 15 歳からの一般相対論』(森北出版)

[9]　広江克彦『趣味で相対論』(理工図書)

[10]　福江純『ゼロからのサイエンス　よくわかる相対性理論』(日本実業出版社)

[11]　ラリー・ゴニック 鍵本聡・坪井美佐訳『マンガ「解析学」超入門 微分積分の本質を理解する』(講談社)

[12]　神永正博『「超」入門 微分積分 学校では教えてくれない「考え方のコツ」』(講談社)

[13]　大村平『改訂版 行列とベクトルのはなし 線形代数の基礎』(日科技連)

[14]　ダニエル・フライシュ　河辺哲次訳『物理のためのベクトルとテンソル』(岩波書店)

[15]　岡部洋一『リーマン幾何学と相対性理論』(プレアデス出版)

[16]　前野昌弘『よくわかる解析力学』(東京図書)

[17]　恒藤敏彦『物理入門コース　新装版　弾性体と流体』(岩波書店)

[18]　山本義隆『磁力と重力の発見 3 近代の始まり』(みすず書房)

[19]　村山斉『宇宙は何でできているのか　素粒子物理学で解く宇宙の謎』(幻冬舎)

[20]　大栗博司『重力とは何か　アインシュタインから超弦理論へ、宇宙の謎に迫る』(幻冬舎)

[21]　川村静児『重力波とは何か　アインシュタインが奏でる宇宙からのメロディー』(幻冬舎)

[22]　安東正樹　白水徹也『相対論と宇宙の事典』(朝倉書店)

さくいん

あ 行

か 行

さ行

た行

な 行

は 行

ま 行

や 行

ら 行

わ 行

アルファベット・数字など

N.D.C.420 270p 18cm

ブルーバックス B-2169

アインシュタイン方程式を読んだら「宇宙」が見えた
ガチンコ相対性理論

2021年5月20日 第1刷発行
2023年7月10日 第3刷発行

著者 深川峻太郎
発行者 鈴木章一
発行所 株式会社講談社
〒112-8001 東京都文京区音羽2-12-21
電話 出版 03-5395-3524
販売 03-5395-4415
業務 03-5395-3615
印刷所 (本文印刷)株式会社新藤慶昌堂
(カバー表紙印刷)信毎書籍印刷株式会社
本文データ制作 藤原印刷株式会社
製本所 株式会社国宝社

定価はカバーに表示してあります。

ISBN978－4－06－523549－2

発刊のことば

科学をあなたのポケットに

二十世紀最大の特色は、それが科学時代であるということです。科学は日に日に進歩を続け、止まるところを知りません。ひと昔前の夢物語もどんどん現実化しており、今やわれわれの生活のすべてが、科学によってゆり動かされているといっても過言ではないでしょう。

そのような背景を考えれば、学者や学生はもちろん、産業人も、セールスマンも、ジャーナリストも、家庭の主婦も、みんなが科学を知らなければ、時代の流れに逆らうことになるでしょう。

ブルーバックス発刊の意義と必然性はそこにあります。このシリーズは、読む人に科学的に物を考える習慣と、科学的に物を見る目を養っていただくことを最大の目標にしています。そのためには、単に原理や法則の解説に終始するのではなくて、政治や経済など、社会科学や人文科学にも関連させて、広い視野から問題を追究していきます。科学はむずかしいという先入観を改める表現と構成、それも類書にないブルーバックスの特色であると信じます。

一九六三年九月　　野間省一